아이 마음이 이런 줄 알았더라면

・본 도서는 2013년에 출간된 『공감육아』의 개정증보판입니다.

아이 마음이 이런 줄 알았더라면

속으로 울고 있는
내 아이를 위한
거울부모 솔루션 10

권수영 지음

21세기북스

아이 마음을 알려면
마음 비추는 연습을 시작하자

부모는 닭똥 같은 눈물을 흘렸다. 아이 마음이 이런 줄 전혀 몰랐다며. 물론 전혀 거짓말 같지 않았다. 부모는 아이 마음이 새까맣게 타들어가는 줄 전혀 알지 못했다. 엄마와 아빠는 자신들의 잦은 말다툼이 아이 마음에 얼마나 큰 불안과 공포로 자리 잡았는지 상상조차 할 수 없었다. 내가 출연하고 있는 EBS 육아상담 방송에 출연한 부모들이 종종 보여주는 모습이다. 방송에 함께 참여하는 온라인 부모단의 눈시울도 뜨거워진다. 이건 그저 방송에 출연한 부모만의 문제가 아니기 때문이리라.

왜 부모는 아이의 마음을 전혀 알지 못하고 지내는 걸까? 누가 뭐래도 아이의 마음을 파수꾼처럼 지켜주고 돌보기로 하루에도 열두 번씩 작심하는 게 부모 아닌가? 그러나 아이의 마음은커녕 자신의 마음도 잘 모르고 사는 것이 우리네 인생이다. 그래도 부모의 눈물 속에서 나는 아이의 마음만은 꼭 알고 싶고 따뜻하게 지켜주고 싶은 부모의 진심을 느낀다. 육아지침서를 뒤져보고 온라인 검색을 수없이 해봐도 답을 못 찾겠다는 부모가 부지기수다. 자녀 양육에 정답은 없어도, 우리가 매일 훈련해서 구해야 할 해답은 분명히 존재한다.

　내가 찾은 해답은 '미러링mirroring', 즉 아이 마음을 거울처럼 반영해주는 일이다. 아이의 마음에는 창문이 없어 들여다볼 수 없으니 답답해하는 부모가 많을 것이다. 차라리 아이 마음이 유리처럼 투명했으면 하는 요망한 기대를 할 수도 있다. 하지만 그런 기대는 좀처럼 충족되지 않기에 부모들은 쉽게 포기하고 만다. 그래서인지 대부분의 부모가 자녀 마음에 서서히 다가가는 연습을 할 엄두조차 내지 못하는 것 같다. 아이의 마음보다는 거친 행동을 보고, 이미 부정적인 판단과 감정이 앞서는 경우가 훨씬 많다. 나는 이런 실수가 부모들이 미러링에 대해 체계적으로 교육받은 적이 없어서라고 믿고 싶다. 부모가 쉬지 않고 아이의 마음을 거울처럼 비추는 일을 연습해야, 비로소 아이와 부모의 마음은 같은 공간에서 뜨겁게 만날 수 있다. 마법 같은 공감의 경험을 나는 꼭 부모들에게

선사하고 싶다.

　나 역시 자녀 양육에 있어서는 연이어 실패를 거듭한 보통 부모다. 하지만 나는 직업적으로 수많은 사람의 상한 마음을 보살피고 회복시키는 일을 오랫동안 해왔다. 대학을 졸업한 뒤 미국으로 건너가 처음으로 정신분석과 가족상담 분야에 입문해 전문상담기관에서 훈련받았다. 귀국한 뒤 현재는 대학과 대학원에서 상담학과 코칭을 가르치고, 부설 상담코칭센터에서 여러 심리상담사와 코치들을 훈련하고 상담 및 코칭 서비스를 제공하는 일을 관장하고 있다. 특히 이 센터는 전문적인 도움이 필요한 아동에게 놀이치료를 제공하고 온 가족의 마음건강을 위한 다양한 상담 프로그램을 개발해 실시하고 있다. 내가 연구하고 실천하는 모든 일을 한마디로 말한다면, 마음의 거울이 되어주는 미러링에 관한 일이라고 할 수 있을 것이다.

　미러링을 연구하면 연구할수록 어린 자녀를 둔 부모의 절대적인 역할에 새삼 놀라곤 한다. 이 책은 이러한 놀라움에 밀려 처음 세상에 나오게 되었다. 어린 시절 어떤 거울에 자신을 비춰보았는가에 따라, 우리는 매우 다른 자기 인식을 갖게 된다. 어떤 이는 어린 시절 부모의 거울에 자신의 못된 습성이나 신체 콤플렉스만 비취본다. 안타깝게도 부모라는 거울이 아이가 지닌 독특한 개성과 칭찬받을 만한 강점을 적절하게 비춰주는 미러링을 전혀 제공하지 못한 것이다. 결국 약점만 비추고 아픈 감정을 공감하지 못한 부모는 아이가 바닥으로 가라앉은 자존감과 상처 입은 마음으로 평생을 살도록 만든다. 당연히 아이의 마음에 자리 잡는 자화상은 늘 불안하고 부끄러운 모습이다.

나는 아이에게 행복한 자화상을 선물하는 좋은 부모를 미러링을 잘하는 '거울부모mirroring parents'라고 부르기 시작했다. 내가 말하는 거울부모란 자녀의 숨겨진 감정에 주목하고, 자녀의 장점을 밝게 비추고 조명할 줄 아는 부모다. 우리가 아침에 일어나 맨 먼저 들여다보는 것이 거울이듯, 한 사람이 태어나 맨 먼저 자신을 들여다보는 것도 부모라는 거울이다. 특히 태어난 직후부터 어린 시절 만나게 되는 부모라는 거울에 비친 모습이 마음속 거울에 자리하는 정체성의 기본 윤곽을 결정한다.

아이러니하게도 자녀교육에 대한 관심이나 사교육 열풍이 가히 세계 최고라고 자부하는 우리나라는 아동과 청소년을 위한 세계 어디에도 유례가 없는 법률을 제정한 바 있다. 그것은 바로 '인성교육진흥법'이다. 안타깝게도 해가 갈수록 학교 폭력과 가정을 떠나 발생하는 청소년 폭력 사건이 늘어만 가고, 동방예의지국인 나라의 세대 간 갈등도 첨예하게 드러나고 있다. 그러자 우리 아이들이 드러내는 휘발성 폭력을 더 두고만 볼 수 없어 인성교육을 확대하자는 취지에서 나온 법일 것이다. 하지만 폭력성의 문제는 우리 아이들의 기질이나 성품의 문제로만 볼 수 없다. 실은 그들이 어린 시절부터 경험한 '거울의 문제'에서 비롯된다.

대한민국에서 부모라는 거울은 자녀의 가슴을 따뜻하게 비춰준 적이 없다. 부모라는 거울은 나약한 감성보다는 냉철한 지성에 집중적으로 조명을 비춰왔다. 공부를 잘하는 아이는 단숨에 착한 아이로 승격한다. 공부를 못하는 아이가 착한 아이가 되려면 부모의 말 한마디라도 거역하지 않아야 한다. 부모에게 칭찬받는 자녀는 자신의 감정을 자유롭게 표현하는 아이가 아니라, 외로워도 슬퍼도 울지 않는 만화 주인공 같은 착한 아이다. 부모와 가슴을 마음껏 나누지 못한 자녀는 누구와도 감정을 나누지 못하는 공감 불감증에 걸린다. 불특정 다수를 향해 발사되는 폭력은 가장 대표적인 공감 불감증의 징후다. 해법은 다시 가정에서 출발해야 한다. 우리 사회의 건강한 미래를 위해서는 반드시 부모가 제대로 된 거울 역할을 해야 한다.

이 땅의 부모들이여, 겁먹지 말고 오늘부터 다시 시작하자! 아이와 공감하는 거울부모가 되는 길은 결코 완료형이 될 수 없다. 나 역시 두 자녀의 아빠이자, 자녀양육에 관한 각종 이론에는 강하나 실천엔 왠지 목소리가 작아지는 학자다. 그래서 이 책은 초보 아빠와 상담학자 사이에서 진동해온 나의 진솔한 이야기와 실패담을 기초로 구성되어 있다.

물론 책 한 권 읽는다고 단숨에 이상적인 거울부모로 변신할 수는 없다. 그러나 이 책은 거울부모가 알아두어야 할 미러링의 기본적인 개념들과 단순한 원칙들 그리고 매일 실천해볼 사항을 알려준다. 부모가 어떻게 자녀의 정서와 심리 세계를 건강하게 비추는 거울 역할을 할 수 있을까에 대한 일상적인 이야기와 열 가지 실천방안을 담고 있다.

좋은 부모가 되려면 자신의 아이에게 물으라는 말이 있다. 아이에게 좋은 부모란 좋은 학습 환경과 여건을 제공해주는 부모가 아니다. 날카로운 도덕적 행동지침을 주는 부모도 아니다. 아이가 원하는 좋은 부모는 아이 마음의 행복을 위해 매일 공감을 실천하는 부모가 아닐까? 아이의 마음에 다가가 조금 더 알기 원하고, 뜨겁게 공감하기 원하는 이 땅의 모든 부모에게 이 책을 선물하고 싶다. 대한민국에 거울육아를 하는 거울부모가 더 많이 생겨나길 간절히 소망하면서…….

2021년 7월
오늘도 미러링을 실습 중인 권수영

차례

2부 아이는 부모가 공감한 만큼 변한다

1부

아이의
속마음을
이해하는
시간

01

거울부모 첫걸음,
아이의 감정 인정하기

부모가 먼저 자신의 감정을 보듬어야
아이와 공감하는 거울부모로 새롭게 태어날 수 있다.

유치원에서 돌아온 아들이 말했다.

"아빠, 그거 알아? 개구리가 어릴 적엔 올챙이였대!"

새로운 사실을 알게 돼 어깨가 으쓱해진 아들을 흐뭇하게 바라보며 나는 이렇게 맞장구쳤다.

"그래, 정말 이상하지?"

아들이 동그란 두 눈을 찡긋거리며 되물었다.

"뭐가?"

"아니, 올챙이랑 개구리는 많이 다르잖아."

아들은 내 말엔 아랑곳하지 않고 이야기를 이어갔다.

"그런데 아빠, 개구리가 올챙이를 보고 놀렸대. 못생겼다고. 다리도 없고 이상하다고. 개구리 정말 나쁘지?"

"그래? 아빠가 어릴 적엔 개구리가 올챙이 시절을 기억하지 못하고 잘난 척했는데, 요즘 개구리는 놀리기까지 하나 보다."

갈피를 잡지 못하고 뱅뱅 돌던 우리의 대화는 아들의 명쾌한 결론으로 마무리됐다.

"개구리 눈이 삐었나 봐. 올챙이도 예쁜데……."

아이와의 대화가 어려운 이유

우리 모두 알고 있듯 올챙이는 자라서 개구리가 된다. 하지만 단순히 겉모습만 봐서는 올챙이와 개구리가 하나의 개체라고 생각하기 어렵다. 그래서 '개구리 올챙이 적 생각을 못 한다'는 속담이 생긴 모양이다.

개구리가 올챙이를 제대로 이해하려면 어떻게 해야 할까? 모습은 같고 크기만 다르다면 허리를 굽혀 서로 눈을 맞추는 것만으로 올챙이의 세계를 어느 정도 이해할 수 있을 것이다. 문제는 개구리와 올챙이가 겉모습뿐 아니라 노는 물이 확연히 다르다는 데 있다.

인간의 경우는 어떠한가? 다행히 아이와 어른의 관계는 올챙이와 개구리의 관계와는 다르다. 겉모습만 보면 인간은 아이일 때나 어른일 때나 극단적으로 다르지는 않다. 똑같이 팔도 두 개고 다리도 두 개다. 눈높이는 단순히 키의 높이로 볼 수도 있다. 어른의 신장을 최대한 낮추면 아이와 눈을 맞출 수 있다.

나는 가끔 엘리베이터에서 만난 처음 보는 아이에게 털썩 주저 앉아 말을 건네곤 한다. 그러면 아이는 '이 아저씨가 왜 그러나?' 하며 눈이 휘둥그레지지만, 이내 어른을 내려다보는 눈높이에 안정감을 느끼고 편안해한다. 늘 위에서 내려다보면서 말을 거는 어른들과는 다른 느낌을 갖는 것이다.

우리가 흔히 말하는 "눈높이를 맞추라"는 말은 사실 아이의 시선으로 '가슴의 높이'를 맞추라는 뜻이다. 문제는 눈높이가 중요하다고 힘주어 말해도 정작 눈높이를 낮춤으로써 아이의 가슴과 조율하고 공감하는 일을 시도하는 어른이 별로 없다는 점이다.

개구리가 올챙이 시절을 쉽게 잊고, 올챙이를 모른다고 하는 것은 단순히 외양이 확연히 달라진 탓이 아닐 수도 있다. 눈높이를 맞추기 어려워서가 아니라 어린 시절의 느낌으로 돌아가는 일이 어려울 때, 우리라는 개구리는 예전의 올챙이 시절을 지금 다시 느끼고 이해할 수 없는 것이다.

아이의 가슴부터 헤아려라

가슴높이는 어떻게 맞출 수 있을까? 내 가슴만 느끼고 아이의 가슴은 헤아리지 않는 것이 대부분의 부모가 저지르는 실수다. '내 아이는 이래야 한다'는 기대와 강박이 부모의 가슴을 꽉 채우고 있을 뿐이다.

아이들이 흔히 하는 질문 중에 이런 것이 있다.

"엄마랑 아빠는 어릴 때 공부 잘했어? 어릴 때 할머니 할아버지 말씀 잘 들었어?"

이처럼 아이가 부모의 어린 시절을 탐색하는 질문을 던지는 이유는 대개 정확한 답을 얻고 싶어서라기보다는 엄마 아빠의 어릴 적 경험을 함께 나누고 자신이 처한 상황에 대한 공감을 부모에게서 끌어내고 싶기 때문이다. 하지만 대부분의 부모는 이러한 의도를 눈치채지 못하고 "그게 왜 궁금한데?"라고 퉁명스럽게 대꾸하거나 "엄마 아빠는 공부밖에 모르고, 할머니 할아버지 말씀이면 뭐든 따랐지"라며 지극히 모범적인, 아니 진부한 대답을 내놓기 십상이다.

아이의 가슴속 이야기와 상관없이 진행되는 부모만의 이야기는 여기서 그치지 않는다. 부모의 가슴은 아이의 내면에 집중하기보다 외부 조건에 더 쉽게 반응한다. 많은 부모가 눈에 보이는 사회 문화의 변화만 가지고 어린 시절 자신과 아이를 비교할 뿐, 아이의 내면의 목소리에는 귀 기울이지 않는다. "엄마 아빠 때는 말이야"로 시작하는 '라테 드립'이 대표적인 예다. 하긴 대학생 시절까지만 해도 음악까지 들을 수 있는 슬라이드폰은 비싸서 못 샀던 부모들이 보기엔 초등학생은 물론 유치원생까지 너 나 할 것 없이 스마트폰을 들고 다니는 요즘 모습이 딴 세상처럼 보일 수 있다. 소위 '88만 원 세대' 또는 'N포 세대'가 보기에는 "요즘 애들은 뭐가 부족해서 스마트폰 타령만 하는 거야!" 하고 퉁을 놓을 만도 하다.

가슴높이를 맞추는 일이 어려워지는 이유는, 이렇듯 자녀의 아동기에 대한 지나친 이상화idealization 때문이라고 볼 수 있다. 세상이 살기 편해졌다고 해서 우리 아이들도 모든 것이 풍족하여 아무 근심도 없는 황금기를 살고 있다고 생각하면 큰 오산이다. 다양한 교육환경과 여유 있는 가정형편이 뒷받침되니 예전에는 경험할 수 없었던 풍요로움을 누리고 있다는 생각은 우리의 가슴이 아이들의 마음과 맞닿는 것을 방해할 가능성이 높다.

우리가 학창 시절에 늘 아쉬운 것이 있었던 것처럼 풍요로운 오늘을 사는 우리 아이들에게도 해소되지 않는 갈증과 아쉬움이 가슴 한쪽에 자리하고 있다. 피처폰에서 스마트폰으로 그 대상이 변해가고 있을 뿐이다.

그렇다고 시대의 조류에 따라 아이의 요구를 무조건 들어주라는 말은 아니다. 가슴높이를 맞추는 일은 겉으로는 풍족해 보이는 아이의 내면적인 욕구에 부모가 공감하고 그것을 존중하는 것에서 시작된다는 이야기를 하고 싶다. 다음 두 부모의 사례를 비교해 보자.

아이　엄마, 다른 애들은 다들 스마트폰 가지고 다니는 거 알아? 난 그 흔한 스마트폰 하나 없어서 친구들이랑 카톡도 못 하고……. 아, 진짜 자존심 상해!

부모 야, 스마트폰 없으면 친구도 못 사귀냐? 그런 친구랑은 놀지 마! 공부만 잘해봐라, 아마 서로 친구하자고 할걸?

아이 쳇, 엄마는 정말 말이 안 통해!

부모 야, 뭐가 안 통해? 엄마는 스마트폰 없이도 아무 불편 없이 학교 잘만 다녔어!

아이 알았어! 알았다고!

가슴높이를 맞추려면 우선 아이의 가슴부터 헤아려야 한다. 아이의 가슴속으로 들어가 아이의 입장이 되어 문제를 바라보면 그 감정에 공감할 수 있다. 풍요로운 시대에 스마트폰 타령을 하는 아이를 한심하다고 생각하기에 앞서, 아이의 가슴에 초점을 두면 어떤 대화를 하게 될까?

아이 엄마, 다른 애들은 다들 스마트폰 가지고 다니는 거 알아? 난 그 흔한 스마트폰 하나 없어서 친구들이랑 카톡도 못 하고……. 아, 진짜 자존심 상해!

부모 너만 친구들과 문자를 못 하니 소외감이 느껴지긴 하겠다. 근데 어쩌지? 스마트폰은 내년에 사기로 엄마랑 약속했잖아. 이러지도 못하고 저러지도 못하고 정말 속상하겠다.

아이   맞아, 엄마! 그러니까 그냥 사주면 안 돼?

부모   스마트폰 때문에 자존심까지 상했다니 엄마도 마음이 아프네. 친구들이랑 카톡 하는 게 그렇게 중요한 건지 엄마가 미처 몰랐다. 그런데 스마트폰을 무조건 안 사주겠다는 건 아니야. 내년이면 엄마가 사줄 수 있는 여건이 되고, 너도 중학생이 되니까 가장 적당한 때라고 생각하는 거지. 힘들어도 그때까지 기다려주면 좋겠는데……. 어때?

아이   알았어.

부모는 결국 스마트폰을 안 사주면 아이는 심통이 날 거라고 예상할 것이다. 두 대화에서 아이의 마지막 대답을 겉으로만 보면 크게 다르지 않다. 그런데 아이의 가슴에 시선을 맞추려고 하는 엄마의 노력은 매우 달라 보인다. 두 번째 엄마는 우리가 흔히 말하는 눈높이를 가슴높이로 바르게 터득하고 있다. 부모의 공감적인 대응에 따라 아이의 가슴은 완전히 다르게 반응할 것이다. "알았어"라는 대답은 비슷하지만 그 안에 숨겨진 느낌은 훗날까지 이어진다.

첫 번째 대화에 등장하는 아이는 부모에게 이야기해봤자 말이 통하지 않는다고 생각하고, 부모와는 감정교류가 불가능하다고 여기게 될 수 있다. 하지만 두 번째 대화 속 아이는 부모에게 자신의 뜻을 관철할 수 없었음에도 한 가지 소중한 느낌을 체득하게 된다. 적어도 자신의 부모를 늘 감정적으로 친근하게 소통할 수 있는 대상으로 여기게 되는 것이다. 어릴 때의 이 느낌은 평생 지속된다는 점에 주목하자. 그러므로 아이가 어렸을 때부터 아이의 가슴을 헤아리는 가슴높이 대화를 생활화하는 것은 너무도 중요하다.

공감하기 어렵다면 부모 자신을 되돌아보라

개구리가 올챙이 시절을 잘 기억하지 못하는 근본적인 이유는 무엇일까? 오랜 시간이 흘러서일까, 아니면 잊고 싶어서일까? 우리가 유아(아동)기 시절의 어느 특정 경험을 망각하는 것은 과연 자연스러운 기억상실일까, 혹은 의도적인 회피일까.

만약 한 성인이 자수성가하여 이제는 풍요롭게 살지만, 어렸을 때는 눈물 젖은 빵을 수도 없이 먹었다고 해보자. 그는 이제 빵이라면 지긋지긋해 구경도 하기 싫을 것이다. 그래서 수십 년간 빵을 멀리하다 보니, 나중에는 자신이 한때 빵만 먹은 시절이 있었다는 사실조차 까맣게 잊어버렸다. 이 경우, 기억상실과 회피성 불감증 중 어느 한쪽이라고 과연 뚜렷하게 구별할 수 있을까?

우리가 가지고 있는 기억 중엔 좋은 기억도 있지만, 오래전 가슴 깊숙한 곳에 묻어두어 아득히 숨어 있는 기억도 있기 마련이다. 과거 일인데 마치 방금 일어난 것처럼 또렷한 기억도 있다.

한 초등학생이 사생대회에서 그림을 그려 상을 타 왔다고 가정해보자. 뿌듯해진 엄마 아빠는 아이가 누구를 닮아서 그림에 소질이 있는지 대화를 나눌 것이고, 서로 자신을 닮은 거라며 행복한 다툼을 벌이기도 할 것이다. 대개의 부모가 아이의 소질을 자연스럽게 자신의 소질과 연결해 어린 시절을 떠올린다. 발표력이 좋은 아이를 보면 학예회 때 사회를 보았던 기억을 떠올리고, 반장이 된 아이를 보면 초등학교 시절 딱 한 번 반장을 했던 기억을 떠올린다. 이럴 때 모처럼 부모와 아이는 하나가 된다. 칭찬에 인색한 부모도 이런 때만큼은 웬일인지 아이의 기를 팍팍 살려준다. "엄마 닮아서 소질이 많아!", "아빠 닮아서 리더십이 있어!" 하면서 말이다.

반면 아이에게서 마음에 들지 않는 모습을 발견했을 때는 대부분의 부모가 자신과 다르다며 나무란다. "넌 누굴 닮아서 그 모양이니?" 하고 시작된 남 탓은 "안 좋은 건 꼭 네 아빠(엄마)를 닮았어!"로 진행되기 마련이다. 그러면 여지없이 반격이 시작된다. "무슨 소리야! 애 교육 잘못한 탓을 왜 나한테 돌려!" 상을 타 오면 서로 자신을 닮았다며 아이를 치켜세우던 엄마 아빠가 이럴 때는 나몰라라 한다. 다리 밑에서 주워 온 자식 취급이다.

여러 부모와 아이를 상담해본 나는 이렇게 발뺌하는 부모들에게서 묘한 공통점을 발견했다. 사람은 누구나 긍정적 기억뿐만 아니라 잊고 싶은 부정적 기억을 가지고 있다. 긍정적인 부분은 쉽게 기억나지만, 회피하고 망각하고 싶은 기억은 층층이 쌓은 방어벽 뒤에 꽁꽁 숨어 있다. 부정적 기억을 떠올리게 하는 경험이 발생할 경우 대부분의 사람은 무의식적으로 강한 부정과 방어의 태도를 드러내는데, 부모와 아이 관계에서는 더욱 그러하다. 지나치게 수줍음을 많이 타는 아이에게 왜 그러는지 이해할 수 없다고 호통치는 부모들 중에는 어린 시절에 그와 비슷한 어려움을 겪었던 사람이 많다.

친구들에게 왕따를 당하는 아이의 부모가 어릴 적에 자신도 그와 비슷한 경험을 했다면 얼마나 그 아이의 고통을 잘 공감하고 감싸줄 수 있을까? 겉으로 보면 자신의 경험에 견주어 누구보다도 잘 위로하고 힘을 줄 수 있을 것 같은데 오히려 모질고 냉정하게 아이를 대하는 이유는 무엇일까? 어쩌면 자신의 어린 시절 고통을 마주하는 것이 너무나 괴로워서 아이의 어려움을 무의식 중에 부정하고 외면하는 것은 아닐까?

개구리가 된 부모가 올챙이 시절의 반만 기억하고 나머지는 묻어둔 채 부정하면, 올챙이 시절을 겪고 있는 아이를 온전하게 이해하는 일에서는 절반의 성공밖에 거둘 수 없다. 몸과 마음이 홀쩍 자란 아이 때문에, 혹은 사회의 급격한 변화 때문에 아이와 가슴높이 맞추기가 어렵다고 느낀 적이 있는가? 그렇다면 먼저 부모로서 자신을 돌아보고, 자신의 마음속에 아이와의 진정한 소통을 방해하고 있는 부분은 없는지 살펴보라. 아이와 진정 가슴과 가슴으로 만날 수 없는 이유가 무엇인지 곰곰이 성찰해보라. 아이의 느낌보다 아이의 생각이나 행동을 정확하게 지적하고 교정해주는 부모가 필요하다고 생각하면 큰 오산이다. 너무 많이 벌어진 가슴높이 때문에 아이는 더욱 외로워할 것이기 때문이다.

혹시 아이에게 다음과 같은 말을 자주 하지 않는가?

"너, 대체 뭐가 부족해서 그러니?"

"엄마는 네가 정말 이해가 안 간다!"

"아빠는 그보다 더한 것도 견뎠어!"

"그 정도 가지고 힘들어하려면 지금 당장 그만둬!"

만약 가끔이라도 아이에게 이런 말을 했던 기억이 있다면, 이제는 자신에게 다음과 같은 질문을 던져보라.

어린 시절 나 역시 풍족함 가운데서도 외로움을 느끼지 않았나? 나 또한 엄마의 오해 때문에 더더욱 마음 아프지는 않았나? 조금만 용기 내면 잘할 수 있었을 텐데, 부모님의 꾸지람에 의기소침해서 결국 스스로 포기했던 적은 없었나? 나 역시 어릴 적에 부모님의 격려와 위로를 목말라하지 않았나?

들추고 싶지 않은 과거의 기억 때문에 아이의 가슴높이에 맞출 수 없다는 것은 참으로 안타까운 일이다. 아이들과 가슴높이를 맞추려면 잠시만이라도 그들의 가슴에 머무르면서 그들의 마음속 깊은 곳을 느껴보아야 한다. 나 역시 아이를 키우면서 가슴높이 맞추기를 최우선으로 여기고 매일 부족한 나 자신을 훈련한다.

"아빠, 아빠는 어릴 때 공부 잘했어? 아빠는 지금 교수니까 공부 잘했겠네?"

"당연하지! 그러니까 교수가 됐지."

잠시라도 가슴높이에 신경 쓰지 않으면, 이런 같잖은 대답으로 아이의 가슴을 휑하게 만들 수 있다. 아이는 아빠의 잘난 척이나 무용담이 아니라 자신의 가슴에 공감하는 따뜻한 관심을 간절히 원하는데 말이다. 나는 오늘도 부모로서 자신을 가다듬며 아이에게 이렇게 가슴높이를 맞춰본다.

"우리 딸, 공부하기 힘든가 보구나. 공부 참 하기 싫지? 아빠도 공부하기 싫어해서 할머니 속 무지 썩였는데……. 우리 딸은 요즘 무슨 공부가 제일 힘드니?"

눈높이가 아닌 가슴높이 맞추기

미러링mirroring에 능한 거울부모가 되기 위한 첫 단계는 가슴높이 맞추기다. 대화 중에 아이의 가슴속으로 들어가 아이의 상황에서 마음을 헤아리고 느낌을 공감하는 것이다. 아이의 가슴이 아니라 머리에만 자꾸 머무르는 부모들은 자기 자신에게서 원인을 찾자. 다시 말해 아이와 가슴높이를 맞추기 힘들다면, 그 이유가 자신의 과거 경험과 관련이 있는 건 아닌지 돌아보자. 부모가 무엇에 초점을 맞추고 아이를 대하는지는 세 가지로 나눠볼 수 있다.

1. "너 지금 몇 시간째 스마트폰 보고 있는지 알아? 스마트폰 많이 보면 공부 못하는 바보 되는 거 몰라? 엄마 생각에는 이제 그만

봤으면 좋겠어!"

2. "너, 스마트폰만 보면 재미가 있어서 아무 생각도 안 나지? 숙제할 생각도 안 하고, 학원 갈 생각도 안 하고 너무 좋을걸? 그래도 네가 스스로 생각하고 알아서 해준다면 아빠는 참 좋겠다."

3. "스마트폰 보는 게 엄청 재미있나 보네. 그런데 엄마가 지금 스마트폰 그만 보라고 하면 무지 속상하고 화나겠지? 그래도 숙제를 안 하고 계속 스마트폰만 보다 보면 나중에 숙제할 시간이 없어 짜증이 날 텐데, 어떻게 하면 좋을까?"

첫 번째 대화는 '머리높이'로 아이를 대하는 경우다. 아이에게 무언가를 말하려고 할 때 혹시 "엄마(아빠) 생각에는⋯⋯"이란 말을 자주 사용하고 있는지 점검해보자. 부모의 머리(생각) 수준에 아이를 맞추려고 한다면 아이와의 진정한 소통은 이루어지기 어렵다.

두 번째 대화는 '눈높이'로 아이를 대하는 경우다. 스마트폰을 좋아하는 아이의 관점에서 이해해보려는 시도는 좋지만 여전히 아이의 생각에만 머물 뿐 마음속 깊은 감정은 놓칠 수 있다.

마지막 세 번째는 '가슴높이'로 아이를 대하는 부모의 대화다. 아이의 여러 감정을 충분히 고려한 후 그 느낌을 공감하려고 해보자.

여러분은 어떤 부모에 속하는가? 세 번째 방식은 도저히 불가능한 이론으로만 여겨지는가? 그래도 용기를 가지고 지금 아이에게 다가가 '가슴높이'를 맞추는 공감대화를 시도해보자. 빠르게 문제를 해결하려고 지시하는 행동을 하기보다 그저 가슴높이를 맞추고 아이와 함께 아이의 감정에 잠시 머무르는 연습을 해보자. 잘 안 되면 가슴에 손을 얹고 아이의 가슴을 느껴보려고 애써보라.

처음에는 잠시도 머물러 있기 힘들고, 부모 자신의 생각이나 느낌으로 금방 돌아올 것이다. 그러나 인내를 가지고 조금이라도 아이의 감정에 머무를 수 있을 때까지 시도해보자. 아이의 감정보다 내 감정으로 인하여 실패를 거듭한다면 자신의 묵은 감정을 반드시 점검해보아야 한다. 이때 자신에게 불쑥 나타나는 감정이 실은 숨기고 싶은, 오래된 내면의 감정을 방어하려는 반응일 수 있기 때문이다. 다시 말해, 자꾸 아이에게 화가 난다면 자신이 어린 시절에 느꼈던 부끄러운 감정이 순간 자극을 받고, 숨어 있던 오랜 감정이 수면 위로 올라오는 걸 막기 위해 분노가 대신 깜짝 등장하는 것일 수 있다는 뜻이다. 그래서 자신의 아이에게 가장 고치고 싶은 행동이 있다면 그것은 어린 시절 바로 부모 자신이 주로 저질렀던 행동일 수 있다는 점을 기억하자.

세상에 내가 받아들이지 못할 나의 감정은 하나도 없다. 부모가 먼저 자신의 감정을 따뜻하게 보듬어야 아이와 공감하는 거울부모로 새롭게 태어날 수 있다. 진부한 말 같지만, 이 첫 단계는 거울부모 되기에서 절반 이상을 차지한다.

02

착한 아이는
결코 행복하지 않다

아이가 솔직한 내면을 드러내려면
부모의 태도가 중요하다.
거울부모는 아이가 감정을 건강하게
표출할 수 있도록 돕는 부모다.

어버이날 아침, 초등학교 4학년 딸아이가 건네준 카드에는 감사와 사랑의 말과 함께 앞으로 더욱 착한 아이가 되겠다는 다짐이 적혀 있었다. 내게는 이미 충분히 착한 딸인데 왜 이런 말을 썼는지 궁금했다. 나는 딸아이에게 어떤 아이가 착한 아이인지 물었다. 아이의 답은 간단했다.

　"엄마 아빠 말 잘 듣는 아이!"

　그날 이후 나는 딸아이가 내린 '착한 아이'의 정의를 곰곰이 생각해보기 시작했다. 엄마 아빠 말을 잘 듣겠다는 것은 부모 입장에선 흐뭇한 말이겠지만, 이러한 정의는 아이가 매우 수동적인 태도를 가졌다는 뜻이기도 하다. 착하다고 인정받기 위해서는 일단 부모라는 대상이 필요하기 때문이다. 즉 부모와의 관계에서 지시나

명령이 있어야 하고, 그것에 순종하는가 혹은 하지 않는가에 대해 외부 평가가 따라야 한다는 의미다. 아이들은 자주 이렇게 말한다. "앞으로는 엄마 아빠를 기쁘게 하는 착한 아이가 될게요."

이런 수동적인 '착함'은 과연 누구를 위한 것인가?

당신의 아이는 천사가 아니다

어른의 눈에 아이는 어떠한 존재일까? 그저 아직 완전한 어른이 되지 못한 미완의 존재일까? 어른에게 아이는 이중적인 모습을 띠는 경우가 많다. 철부지고 미숙한 반면, 순수하고 흠이 없다. 어른은 아직 성인이 되지 못한 아이의 불완전성을 인식하면서도, 한편으론 아이라는 이유만으로 지나치게 완벽한 성정을 기대한다.

어른들에게 가장 이상적인 아이는 순결한 정신과 깨끗한 영혼을 지닌 천사표 아이다. 한 아동문학비평가의 표현처럼 어른의 세계에서 아이는 '인간'이라는 현실적 실체보다 '천사'에 가까운 이념적 표상으로 자리한다. 그렇기 때문에 부모는 현실에서 자신의 아이가 영악하고 때로는 거짓을 말하며 소위 '어른스러움'을 보일 때 쉽게 분노하고, 결국 그런 아이의 현실을 부정하거나 무리하게 교정하려고 한다.

대부분의 부모는 내 아이는 항상 해맑은 미소를 잃지 말아야 한다고 생각한다. 부모가 아무리 화내고 눈을 부라려도 아이는 결코 성을 내거나 눈을 흘겨서는 안 된다. 버릇없는 아이를 견디지 못하는 부모들과 상담을 해보면, 아이에게 폭언을 일삼는 태도가 발견된다. 부지불식간에 아이가 부모의 '버릇없음'을 배우는 것이다. 사실 세상에는 버릇없는 어른들 천지다. 그렇게 보면 버릇없음이란 어른에게는 허용되는데 아이에게는 금지되는 행위라고 해도 과언이 아니다.

말대꾸가 대표적인 예다. 부모에게 아이의 말대꾸가 기분 나쁜 이유를 물으면, 부모의 말을 듣지 않고 변명을 일삼는 아이의 태도가 못됐기 때문이라고 설명하는 경우가 많다. 그러면 아이는 착한 아이의 범주에 들기 위해 최대한 말대꾸를 자제해야 한다. '말대꾸하는 아이는 나쁜 아이'라는 공식 때문에 아이의 가슴 깊은 곳에는 자신이 말하고 싶은 바를 말하지 못하는 억울함이 쌓이기 시작한다. 어른들 세계에서는 상대가 내게 대꾸하지 않으면 오히려 날 무시하는 것으로 여기는데, 유독 아이들의 말대꾸는 금지사항인 것이 나는 안타깝기만 하다.

대화를 하면 아이가 늘 소리 지르고 화를 낸다며 상담하러 온 부모에게 나는 '아이가 소리를 버럭 지를 때 상대하고 있던 부모의 소리는 얼마나 침착했는가'를 가장 먼저 묻는다. 아이가 부모와 조용히 대화를 나누다가 갑자기 소리를 지르는 경우는 매우 드물다. 아마도 부모에게 큰 소리로 야단을 맞았거나 부모로부터 수치심을 자극하는 말을 들었을 가능성이 크다. 또는 아이의 목소리보다 더 큰 소리로 아이를 제압하려는 부모의 반응에 대응해 목소리 볼륨이 점점 높아지는 경우가 다반사다.

착한 아이가 부모의 무리한 환상이 빚어낸 허상이라면, 나쁜 아이란 천사이기를 거부한, 자연스러운 인간의 모습을 한 아이다. 천사표 아이가 어른에게 화를 내거나 소리를 지르면 큰일 날 일이다. 그렇다면, 나쁜 아이는 어른에게 '감히' 감정을 드러내는 아이다. 대부분의 부모는 아이에게 감정을 효과적으로 건강하게 표출하는 법을 가르쳐주지 않고, 부모의 말에 순종하지 않고 자신의 목소리를 내는 아이에게 무조건 나쁜 아이라는 꼬리표를 붙여준다. 그 때문에 아이는 자신의 감정을 되도록 감추고 드러내지 않아야 착한 아이의 범위에 들 수 있다는 잘못된 정보를 가지게 된다.

착한 아이가 되어야겠다는 아이의 다짐이 자신의 감정을 숨기고 억누르겠다는 억지다짐이 된다면 심각한 문제가 아닐 수 없다. 겉으로는 천사같이 평온한 모습을 하고 있지만, 실제 속마음을 안전하게 꺼내놓지 못하고 스스로 왜곡하고 있다면 참으로 불행한 아이다. 나는 아이들이 천사라는 가상의 존재가 아니라, 좀 더 인간답게 자신의 감정을 표현할 수 있는 현실적 존재가 되기를 희망한다.

착한 아이 콤플렉스에 시달리는 아이

우리의 아이를 부모, 나아가 모든 사람과 건강하게 소통할 수 있는 행복한 사람으로 키우려면 '착한 아이'에 대한 새로운 이해가 절실하다. 그러지 않으면 아이가 심각한 '착한 아이 콤플렉스'에 빠질 우려가 있기 때문이다.

착한 아이 콤플렉스에 시달리는 아이는 자신의 감정이나 욕구에 따라 행동하지 않고 다른 사람들, 특히 부모나 가족이 시키는 것에 무조건 순응한다. 착하지 않으면 부모에게 사랑받을 수 없다는 강박적 사고에 얽매여 부모의 기대와 명령을 따르는 것이다. "아니오"라는 거절 의사를 당당히 밝히지 못하고, '내가 무조건 받아들여야지. 모든 게 내 탓이야' 하며 자신을 나무라고 상황에 복종한다.

자기 자신에게 필요한 것을 외면하고 자신이 원하는 바를 드러내지 못한 채, 부모나 타인이 원하는 일만을 좇는다. 그러다 보면 착한 척하는 일이 점점 몸에 배게 되어 정작 자신이 무엇을 원하는지, 가슴속에 있는 자신의 진짜 느낌이 무엇인지 알지 못한다. 대신 이러한 아이의 내면에는 우울한 마음, 혼자 있기를 좋아하는 마음, 피해의식, 만사를 부정적으로 생각하는 마음, 다른 사람의 눈치를 보고 비위를 맞추려는 마음, 갑작스럽게 반항적이고 난폭해질 수 있는 마음이 자라나게 된다.

'착한 척'의 기본은 자기 자신의 욕구나 감정은 뒷전에 두는 것이다. 이렇게 착한 척하는 자아를 정신분석 연구가들은 '거짓 자기false self'라고 부른다. 착한 척하는 거짓 자기는 부모에서 출발해 나중에는 자신의 주위에 있는 타인들을 기쁘게 하는 일을 찾고, 그들에게 불편을 줄 행동을 자제한다.

영국의 소아과 의사이자 정신의학자인 도널드 위니캇Donald Winnicott은 유아가 초기 발달과정에서 형성하는 '참 자기true self'의 개념을 '거짓 자기' 개념과 대조하여 설명한다. 참 자기란 다른 이를 위해 착한 척할 필요 없이, 있는 그대로의 자신을 경험할 때 형성된다. 참 자기는 안정된 환경을 제공하는 엄마에 의해 촉진되며, 그런 엄마와의 관계에서 아이는 자기 자신을 있는 그대로 생생하게 느끼고 현실감 있는 감정을 지니게 된다.

반면, 거짓 자기는 엄마가 지속적으로 안정감을 제공해주지 못하는 환경 속에서 생겨난다. 이때 아이는 엄마로부터 분열감을 느끼게 되고, 엄마의 기분과 변덕에 맞춰 반응하며 자신의 감정과 욕구를 점점 망각하게 된다. 사실 대부분의 사람은 어느 정도 거짓 자기 구조를 형성하고, 원만한 사회생활을 위한 사회적 자기를 가지기 마련이다. 그러나 지나친 거짓 자기의 기능은 내적인 허망감과 우울감을 증대시키게 된다.

착한 아이 콤플렉스는 어린 시절부터 자신의 느낌이나 생각을 표현하는 것이 부모의 평가보다 뒷전이 될 때 생기고, 유아기부터 축적되어온 경우 고질적인 양상을 띤다. 착한 아이 콤플렉스를 가진 아이가 훗날 성인이 되면, 주위 사람 모두에게 '좋은 사람'이라는 칭찬을 들을 수는 있다. 하지만 자신의 내밀한 감정을 나눌 사람이 없어 외롭게 살아갈 것이다. 그의 감정은 자연스럽게 얼어붙어 가슴 깊숙한 곳에 유배되어 있기 때문에 외롭다는 감정조차 느끼지 못한 채 살지만, 때때로 극단적 우울에 빠지거나 가슴속에 억압되어 있던 분노를 핵폭탄처럼 분출할 수도 있다. 2007년 개봉한 영화 〈우리 동네〉는 한 평온한 동네에 연쇄살인 사건이 발생한다는 내용인데, 연쇄살인범은 다름 아닌 마을에서 착하고 성실하기로 소문난 문방구 주인이었다. 꼭 영화 속 이야기만은 아니다. 한 범죄자가 세상을 놀라게 할 정도의 엄청난 범죄를 저지른 경우, 그를 평소에 보아온 이웃들은 그에 대해 매우 다르게 증언하곤 한다. 심지어 강호순과 같은 희대의 살인마들도 주변인들에게 친절하고 착한 사람으로 인식되었다고 전해지는 경우가 많아 우리를 놀라게 한다. 이처럼 겉으로 보이는 '착함'은 내면의 현실을 왜곡하게 만든다.

아이러니하게도 착한 아이 콤플렉스를 가진 천사 같은 이들이 살고 있는 현실은 천국이 아니라 지옥이다. 이들은 선한 천사가 아니라, 뼈아픈 단절감을 느끼며 살아온 한 인간이기 때문이다. 당신의 아이는 착한 아이 콤플렉스에서 자유로운가?

'왜'가 아닌 '무엇'을 물어라

부모가 착한 아이에 대한 환상을 가질 경우 아이는 자신의 감정을 억압하여 그것에 무뎌질 위험이 있다. 아이에게 다음과 같이 몰아붙인 적은 없는지 살펴보자.

"너는 무슨 애가 그렇게 버릇이 없니?"
"어디에다가 눈을 흘겨?"
"애가 어디서 어른한테 화를 내?"
"네가 아기야? 질질 짜게. 울지 마!"
부모는 자기 속도 모르고 아이가 대들고 버릇없게 구니 화가 날 것이다. 그런데 여러분은 과연 얼마나 아이의 기분과 마음을 존중해주었는가? 눈을 흘기는 아이 앞에서 여러분도 두 눈을 무섭게 치켜뜨지는 않는가? 부모 앞에서 절대 화를 내면 안 된다고 엄포를 놓으면서 아이에게 마구 소리치며 화를 내지는 않는가?

아이에게만 일방적으로 분노를 참으라고 강요해서는 안 된다. 분노 표현을 절제하다 보면 더 큰 분노를 키울 수 있기 때문이다. 부모는 아이가 원하는 것이 무엇인지, 어떤 욕구불만 때문에 화가 나는지, 아이 스스로 자신의 마음속 감정을 우선 돌아볼 수 있도록 아이의 안내자가 되어야 한다. 아무 이유 없이 화내는 아이는 없다. 부모가 자신의 이야기를 듣고 반응을 보여주기를 기대했지만,

딴전 피우거나 자기 얘기만 하기 때문에 속이 상한 것이다. 화내는 것이 잘못되었다고 혼내기 전에, 무엇이 아이를 화나게 했는지 먼저 관심을 가지고 공감해야 한다.

우는 아이에게도 공감이 우선이다. 하지만 우리는 다섯 살 난 꼬마에게 이제 다 컸으니 울지 말라고 엄포를 놓는다. 다섯 살인데 다 컸다니, 이 무슨 궤변인가? 울면 남자도 아니라고 약을 올리고, 셋 셀 동안 그치지 않으면 가만두지 않겠다며 겁을 주기도 한다. 이렇게 울음까지 통제당하는 아이들은 슬퍼도 울어서는 안 된다는 잘못된 인식을 가지게 된다. "외로워도 슬퍼도 나는 안 울어"라는 가사로 시작되는 유명한 만화 주제곡은 착한 아이 콤플렉스의 극치를 보여주는 듯하다.

아이와의 공감 소통을 위한 기본 요령은 '왜'라는 표현을 자제하는 것이다. "너 왜 화내고 그래? 왜, 뭐가 잘못됐어?" 하고 다그칠 때의 '왜'는 가슴이 아니라 머리에서 사용하는 단어다. 그러므로 '왜'를 사용하면 대화가 공감의 소통이 아닌, 추궁하고 탐문하는 수사에 가까워진다.

"도대체 왜 학교에 가기 싫다는 거야?"라는 부모의 질문이 아이에게는 "그러면 안 되지"라고 야단치는 것으로 들리기 때문이다. 착한 아이 콤플렉스가 있는 아이일수록 "왜?"라고 물을 때 "잘못했어요"라며 바로 꼬리를 내린다. 그러니 이제 '왜(why)' 대신 '무엇

(what)'이라는 단어를 써보자.

"뭐가(what) 우리 아들을 화나게 했을까?"

"뭔가(what) 원하는 것이 있는데 잘 안 되는 모양이구나? 어때, 아빠한테 얘기해볼래?"

"우리 딸이 학교에 가기 싫은 무슨(what) 이유가 있는 모양이구나. 그럼, 학교에 안 가면 뭘(what) 하고 싶니?

'왜'를 쓰나 '무엇'을 쓰나 겉보기에는 대화에 달라진 게 없는 것 같지만 실은 천지 차이다. 후자의 표현을 사용하는 질문은 아이 내면의 욕구와 감정에 다가가는 것이기 때문이다. 어느 날 갑자기 중학교에 가기 싫어하는 아이에게 학교에 안 가면 무엇을 하고 싶은지 물었더니, 초등학교를 1년 더 다니고 싶다고 했다. 이쯤 되면 부모가 "너 왜 그래? 미친 거 아냐?" 하고 싶겠지만 잠시 흥분을 가라앉히고 '무엇'을 사용해서 물어보자. "그래, 초등학교 1년을 더 다니면 뭘 하고 싶니?" 주저하던 아이는 초등학교 시절에는 '잘나가는' 선배가 무섭지 않았고, 학교폭력도 없었다고 말한다. 결국 아이의 등교 거부는 단순히 부모에 대한 반항이 아니라, 중학교 생활에서 겪게 될 여러 가지 불안과 두려움에 대한 공감을 요청하는 것이란 점을 알게 된다.

이렇듯 아이가 자신 내면의 욕구와 감정을 자연스럽게 표현할 수 있도록 부모가 먼저 길을 마련해주어야 부모와 아이 사이에 마음과 마음이 통하는 대화, 즉 공감대화가 이뤄질 수 있다.

다시 말하지만 아이가 자신의 감정을 무시하며 획득한 '착한 아이'라는 타이틀은 부모의 환상에 불과하다. 정신분석학에서 이야기하는 '환상(fantasy)'은 '비현실적인 망상(delusion)'과는 다르다. 또한 '잘못된 것(error)'이라는 의미도 아니다. 환상이란 자신이 지나치게 소망하고 기대한 바가 다른 사람에게 과도하게 투영되는 것을 말한다. 그러므로 당신이 원하는 것, 당신에게 필요한 것을 부모라는 이름으로 내세워 아이에게 강요하지 말고, 아이가 원하는 것이 무엇인지 물어야 비로소 공감이 가능해진다.

이 세상에 온전한 통제란 존재하지 않는다. 아이를 통제하고 싶은 당신의 소망이 지극히 커서 그저 통제되었다고 믿을 뿐이다. 따끔하게 야단만 치면 버릇없는 아이가 잘못을 반성하고 당신의 말을 들을 것 같지만 그것으로 아이를 통제했다고 생각하면 큰 오산이다.

부모가 "똑바로 해! 알았어?"라고 다그치자 "네!" 하며 입술을 깨무는 아이는 속으로 무슨 생각을 할까? 대개의 부모는 자신의 목소리를 들으라고 강요만 하지, 듣는 척하는 아이의 가슴에서 실제로 어떤 일이 일어나고 있는지에 대해서는 관심을 가지지 않는다. 사실 더 중요한 것은 듣는 척, 착한 척이 아니라 가슴속 느낌을 헤아리는 것인데 말이다.

공감과 신뢰가 아이를 변화시킨다

진정한 양육은 통제가 아니라 가슴높이를 맞추는 공감을 이룰 때 가능해진다. 그래서 나는 양육의 목표부터 바꾸길 제안한다. 통제는 애초부터 가능하지 않은 환상이니, 공감부터 시도해보자고 말이다. 물론 어느 부모가 말 안 듣는 아이의 저항을 대책 없이 두고만 보겠는가. 아동상담 과정에서 부모와 면담을 해보면, 대부분의 부모는 아동기에 있는 아이가 거짓말을 할 때 가장 크게 놀라고 통제나 처벌을 가한다. 아이가 하는 나쁜 짓 중 가장 안 좋은 것이 거짓말이라고 주장하기도 한다. 정말 가장 나쁜 아이는 거짓말하는 아이 혹은 거짓말하지 말라는 부모의 말을 어기는 아이일까?

예를 들어보자. 유치원에 다니는 아이의 가방을 보니 못 보던 장난감이 들어 있다. 뭐냐고 물으니 선생님이 주셨다고 둘러댄다. 거짓말이면 혼난다고 캐물어도 진짜라며 딱 잡아뗀다. 그런데 다음 날 유치원 선생님으로부터 건네받은 쪽지에는 한 아이의 장난감이 분실되었는데 당신의 아이가 가지고 가는 것을 다른 아이들이 봤다고 쓰여 있다. 유치원에서 돌아온 아이는 오늘도 아무렇지도 않게 그 장난감을 가지고 신나게 놀고 있다. 이럴 때 당신은 어떻게 하고 싶은가?

대부분의 부모는 아이의 거짓말에 큰 충격을 받는다. 장차 양심 불량자가 되지나 않을까 걱정에 휘말리고, 세 살 버릇 여든까지 가고, 바늘 도둑이 소도둑 된다니 따끔한 매로 다스리고픈 충동을 느끼게 마련이다. 회초리라는, 거짓말과 손버릇의 최후를 호되게 경험한 아이의 뇌리에는 '거짓말은 바람직하지 않으며, 엄한 대가를 지불하게 된다'는 사실이 깊게 박힐지도 모른다. 그래서 정신분석학의 창시자 프로이트는 양심의 심리학적 기원을 탐구하면서, 양심은 다름 아닌 '내재된 부모의 권위'라고 주장하기도 했다. 어린 시절 경험한 부모의 따끔한 처벌의 힘이 나중에 부모가 없는 상황에서도 내적인 권위로 효력을 지닌다고 본 것이다.

그렇다면 올곧은 양심을 세워주기 위해서라도 어느 정도 부모의 통제와 따끔한 훈육이 필요한 것일까? 도덕철학자들은 양심, 즉 선량한 마음의 도덕적 동기를 크게 두 가지로 지적한다. 첫 번째는 프로이트가 이야기한 바와 같이 권위에 의한 도덕적 동기이며, 두 번째는 각자 자신이 스스로 소망하는 바에 의한 도덕적 동기다. 전자는 "거짓말하면 죽어! 너 어릴 때 아버지에게 혼난 것 기억해" 하는 동기이고, 후자는 "나를 그렇게 믿어주셨던 아버지를 다시는 마음 아프게 하지 않을 거야" 하는 동기다.

이렇게 다른 두 가지 도덕적 동기 중 아이가 어떠한 것을 가지게 되느냐는 전적으로 부모의 태도에 달려 있다. 부모가 아이를 처벌 위주의 강압적인 태도로 대하면 아이는 내면의 욕구나 솔직한 감정을 숨기고, 겉으로만 착한 척하는 착한 아이 콤플렉스가 생길 가능성이 높다. 그렇다면 어떻게 해야 자신이 스스로 원하는 바에 의한 도덕적 동기에 따라 행동을 결정할 수 있는 '진짜 착한' 아이로 키울 수 있을까? 그것은 공감을 바탕으로 아이와 신뢰 관계를 구축하고자 하는 부모의 태도에서 비롯된다.

우선 가슴높이를 맞추는 공감대화를 시도해보자. 무턱대고 '왜'를 따지지 말고, '무엇'이 아이에게 거짓말을 하도록 했는지 탐색하기 위해 아이의 가슴에 잠시 머물러보자. 분노와 걱정을 내세우기 전에 아이의 감정부터 헤아릴 수 있다면 당신의 공감대화는 대성공을 거둘 것이다.

"무엇 때문에 엄마한테 거짓말을 했을까? 사실대로 말하면 엄마가 화낼까 봐 두려웠구나? 아니면 다른 친구들이나 선생님이 알게 될까봐 창피했니? 어때?"

이렇게 공감을 이룬 다음에는, 아이에 대한 당신의 신뢰가 확고하다는 믿음을 아이의 마음에 심어주어야 한다. 바늘 도둑을 소도둑으로 몰면서 범죄자 취급하는 부모의 태도는 권위적인 동기를 만들어낼 뿐이다. 세상이 나를 다 도둑으로 내몰아도 부모만은 나를 신뢰한다는 믿음이 마음속에 굳게 자리 잡을 때, 아이의 마음에서는 부모의 신뢰를 저버리지 않겠다는 다짐이 싹트게 된다.

"엄마는 네가 나쁜 아이가 아니라는 걸 잘 안단다. 누구든지 좋은 물건을 보면 갖고 싶은 마음이 생겨. 엄마는 네가 일부러 그러지 않았다는 것을 알아. 몰래 훔치는 것은 나쁘다고 생각한다는 것도. 엄마가 정말 속상한 것은 네가 용기 있게 사실을 처음부터 이야기하지 않아서야."

공감을 바탕으로 한 신뢰 관계가 생길 때, 아이는 부모의 권위에 대한 두려움을 이기고 자신의 잘못을 솔직하게 대면하고 인정하게 된다. 따끔한 처벌로 통제하지 않았다고 아이가 훗날 거짓말을 가볍게 여기진 않을까 걱정할 필요는 없다. 충분한 공감과 신뢰를 보여준 다음, 거짓말에 대한 부모의 확실한 관점을 이야기하면 아이들 스스로 바람직한 변화를 끌어내기 때문이다.

"얼마나 가지고 싶었으면 그랬겠는지 네 마음은 충분히 이해하지만 그건 엄마가 원하는 일이 아니야. 이제부터는 꼭 기억했으면 좋겠어. 거짓말하면 엄마가 너무 속상해. 엄마는 네가 다시 엄마를 속상하게 하지 않으리라고 믿어."

아이는 스스로의 결단으로 착해져야 한다. 부모에게 혼나지 않기 위해서, 부모의 인정을 얻기 위해서 자신의 감정은 뒷전에 두는 착한 척하는 아이가 돼서는 안 된다. 아이 스스로 자기 자신의 주인이 되도록 돕는 양육이 절실하다.

착한 아이에 대한 환상 버리기

거울육아를 하는 거울부모는 아이를 '천사처럼 착한 아이'로 길들이는 부모가 아니라, 아이가 감정을 건강하게 표출할 수 있도록 돕는 부모다. 아이는 소통의 대상이지 통제의 대상이 아님을 명심하자. 부모는 그저 말 잘 듣는 착한 아이로 키우려고 아이를 통제하기보다, 아이가 자신의 감정을 솔직하게 표현할 수 있도록 인도하는 거울의 역할을 해주어야 한다.

그렇다고 거울부모가 아이를 착한 아이로 만드는 일에 관심 없는 부모를 의미하는 것은 아니다. 다만 아이에게 '착한 척'을 요구하지 않고, 스스로 착해지도록 돕는다는 점에서 다를 뿐이다. 부모에게 혼나기 때문에 말을 잘 듣는 것이 아니라, 부모의 마음을 아프게 하지 않기 위해 즐겁게 순종하는 아이로 이끄는 것이다. 그러므로 아이가 큰 잘못을 저질렀을 때도 우선 아이의 감정을 충분히 공감하고 신뢰하여 믿음을 심어준 뒤 부모의 관점을 소개하는 순서로 대처하는 지혜가 필요하다.

1. 다음은 착한 아이 콤플렉스를 가진 아이들의 특징이다. 우리 아이에게 해당하는 사항은 없는지 확인해보자.

— 약속을 어기거나 어른의 명령을 어기는 일을 매우 불편하게 생각한다.

— 학교에서 숙제나 준비물을 빠뜨리면 큰일 나는 줄 안다.

— 자신의 감정을 겉으로 드러내지 않는다. 어른들과 친구들에게 좋은 아이로 인식되기 위해 일부러 과장된 명랑함을 보인다.

— 타인과 부딪히는 상황을 피하려고 의도적으로 노력한다.

— 자신이 잘못하지 않았어도 친구에게 사과하고, 피치 못할 사정이 있어서 잘못을 했을 때도 변명하면 어른들이 화낼까 두려워 무조건 용서부터 빈다.

— 자신이 아무리 좋아하는 물건이라도 친구가 빌려달라고 하면 싫은 기색 없이 무조건 빌려준다.

— 누군가 도움을 청하면 단호히 거절하지 못한다.

— 자신에게 급한 일이 있어도 친구 일부터 먼저 해준다.

2. 다음은 착한 아이 콤플렉스를 만드는 부모의 태도다. 자신에게 해당하는 사항은 없는지 확인해보자.

— 아이의 부정적인 감정 표현을 있는 그대로 받아들이지 않고 '버릇없는 아이'라고 핀잔을 준다.

— 목표치를 정해두고 아이에게 끊임없이 정진할 것을 재촉한다.

— 아이가 '하기 싫다'는 표현을 할 수 있는 틈을 주지 않고 다그치는 편이다.

— 부모 마음에 드는 행동을 할 때만 칭찬한다.

— 가정 내의 여러 어려움, 부모가 겪는 고충에 대해 아이가 죄책감을 느끼게 한다.

— 규율을 강조하며 아이의 버릇없는 행동을 용납하지 못한다.

— 아이에게 공감하는 일 없이 (혹은 아무 설명도 없이) 아이에게 행동을 강요한다.

— 아이가 말대꾸를 하면 참지 못하고 윽박지르거나 호통을 친다.

자신이 해당하는 항목이 절반을 넘었다면 꼭 주의를 기울여야 한다. 부지불식간에 부모와 아이 모두 착한 아이 콤플렉스로 인한 피해를 입을지도 모르기 때문이다. 지금이라도 늦지 않았다. 지금부터 어떻게 하면 내 아이에게 꼭 필요한 거울부모로 거듭날 수 있을지 그 길을 찾아보자.

03

부모의 거울이
아이의 자존감을 결정한다

아이에게 엄마라는 존재는
자신을 비춰볼 수 있는 생애 최초의 타인이다.
아이의 거울이 되어주는 것은 부모만의 특권이다.

아이가 잠자리에 들면 부모들은 때때로 아이의 일기를 훔쳐보
곤 한다. 혹시 아이가 엄마 아빠에게 불만은 없는지, 요즘 무슨 생
각을 하는지, 친구들 사이에서 어려움을 겪고 있는 것은 아닌지 알
수 있기 때문이다.

　어른들은 왜 아이들에게 일기 쓰기를 권하고, 매일 해야 하는 숙
제로 정하는 걸까? 물론 아이들의 내면 세계에 대한 정보를 손쉽
게 얻기 위해서만은 아닐 것이다.

　학창 시절에 일기 쓰기를 권하는 이유는 자기성찰self-reflection을
연습할 수 있는 가장 쉬운 방법이기 때문이다. 일기는 '나'라는 주
체subject가 자기 자신을 관찰하고 평가하기 위한 하나의 대상object으
로 볼 수 있어야 쓸 수 있다. 그래서 자기성찰에는 자신을 객관화

하는 능력과 이를 묘사할 수 있는 표현 능력이 요구된다.

　대부분의 아이는 정교한 글보다는 그림으로 자신을 먼저 표현한다. 하지만 그림 그리기는 글쓰기보다 객관성이 떨어진다. 아이가 처음 그리는 그림에서의 자기 자신은 사실보다 과장된 경우가 많은 반면, 초등학생이 되어 글을 제대로 배우고 나면 일기를 쓰면서 본격적으로 자신을 성찰하기 시작한다. 드디어 자기 자신에 대한 객관적 관찰과 진술이 가능해지는 것이다.

공감 경험이 중요한 이유

　교육학자들은 일기 쓸 나이쯤이 되어야 아이가 자아를 성찰할 수 있다고 보지만 심리학자들은 이보다 훨씬 이른 유아기 초기에 자신을 느끼고 경험하는 자기에 대한 감각sense of the self이 이뤄진다고 본다.

　정신의학자인 도널드 위니캇Donald Winnicott은 "세상에 갓난아이란 존재하지 않는다"라는 재미있는 말을 남겼는데, 이것은 갓난아이가 홀로 존재할 수 없고 늘 어머니와 함께 존재한다는 것을 의미한다. 갓난아이의 인식 속에서 어머니는 타인이 아니다. 영아기 시절 엄마와 아이는 거의 한 몸이다. 특히 모유를 먹는 갓난아이의 경우에는 어머니의 젖가슴을 내가 아닌 다른 사람의 것이라고 여기지 않을 것이다.

이왕 말이 나온 김에 갓난아이가 스스로 느낄 자신의 존재감을 추측해보자. 갓난아이는 태어나자마자 자신을 타인과 구분해 개별적인 존재로 느낄 수 있을까? 자신을 품고 있는 엄마나 주위의 시선은 늘 자신을 떠나지 않는다. 그래서 심리학자들은 유아기의 갓난아이는 충분히 먹여주고 품에 안고 재워주는 엄마로 인하여 극도의 만족감을 느끼고, 마치 세상이 자신을 중심으로 존재한다고 여기는 '유아기 전능감infantile omnipotence'을 경험한다고까지 추측한다.

하지만 자신에 대한 이러한 과도한 존재감은 그리 오래가지 않는다. 이유는 간단하다. 자신의 일부라고 느꼈던 엄마가 자신이 아님을 곧 깨닫게 되기 때문이다. 눈을 뜨면 늘 옆에 있던 엄마가 없을 때도 있다. 아기는 최초의 분리 경험을 통해 마치 자신의 몸에서 가장 중요한 기관 하나가 떨어져 나간 것 같은 엄청난 상실감을 경험하게 된다. 심리학자들은 이때 유아가 최초로 자신의 육체적인 존재, 즉 가장 '핵심적인 자기core self'를 경험한다고 본다. 자신의 일부인 줄 알았던 엄마에게서 분리되면서 비로소 자기 자신을 발견하고 인식하게 되는 것이다.

이때 가장 중요한 역할을 해야 할 사람은 엄마다. 이제 자신의 존재가 온전하게 갓난아이와 동체를 이루지는 못할지라도, 엄마는 최선을 다해 아이를 돌보고 품어주어야 한다. 위니캇은 갓난아이가 "치아를 가진 사랑"을 한다고 말했는데, 이것은 엄마에게서 분리됨으로써 상실감과 함께 자신의 존재에 대한 불안을 느끼던 아이가 엄마의 젖꼭지를 마치 화난 아이처럼 꽉 깨무는 경우를 두고 한 말이다.

갓난아이의 이빨이 드러내는 공격성은 그가 엄마에게 가지는 분노라기보다는 간절한 그리움의 표현이다. 다행스럽게도 대부분의 엄마는 이런 아이의 공격성을 그대로 품어준다. 젖꼭지를 깨물었다고 그때부터 아이에게 젖 주기를 거부할 만큼 매정한 엄마는 없다. 위니캇은 이런 엄마를 '충분히 좋은 엄마good enough mother'라고 부른다.

이런 엄마를 통해 아이는 다시금 분리감에서 벗어나 안정감을 느끼게 된다. 심리학자들은 이때 엄마 품에 다시 안긴 아이가 극심한 분열에서 회복되는 놀라운 체험을 하리라고 추측한다. 정신분석학자들의 이론대로라면, 아이의 공격성을 그대로 품어주는 엄마의 역할이 없었다면 아마도 이 땅의 모든 유아들은 극도의 분열을 경험하는 조현병 환자가 되었을지도 모른다.

우리 모두 '충분히 좋은 엄마'가 필요하다. 어느 아기나 이 세상에 태어나서 첫 번째로 경험하는 외부의 대상은 엄마이기 마련이다. 엄마라는 대상으로 인해 갓난아이는 진정한 자신의 존재를 느끼고 경험한다. 엄마의 존재는 최초에는 갓난아이 자신의 일부이고, 타인인 것을 알고 난 뒤에도 자신의 빈 곳을 채울 수 있는 절실한 내적 대상이다.

　자신의 손가락을 빨 때조차 아이가 마음속에서 느끼고 있는 것은 단순히 손가락의 맛이 아니라 엄마의 존재감이다. 손가락 빠는 아이를 지나치게 염려할 필요는 없다. 어느 문화권에서나 어린아이들이 약속이나 한 듯 똑같이 엄지손가락을 빠는 것에는 엄마의 가슴으로부터 분리되어 생긴 보편적인 감정, 즉 상실로 인한 불안감을 보상하는 순기능이 있기 때문이다. 또한 서너 살이 되도록 손가락을 빤다고 무조건 야단칠 일도 아니다. 더욱 중요한 것은 유아가 자라나면서 얼마나 자신 안에 있는 상실감을 무마할 수 있는 정서적 환경을 가지게 되느냐의 문제다. 만약 손가락 빨 나이를 훨씬 지난 아이가 갑자기 손가락을 다시 빤다면 최근에 느끼고 있는 자신의 상실감과 불안감을 드러내는 것이라고 보면 된다. 예컨대, 늦둥이 동생이 태어나 엄마와 아빠의 주목과 관심을 독차지하는 환경에 처한다면 아이는 이로 인한 상실감과 부모의 사랑을 잃을지도 모르는 불안감 때문에 자신도 모르게 손가락을 빨면서 내면의 감정을 스스로 위로하는 것이다.

　엄마라는 최초의 대상으로부터 자신의 존재를 확고하게 확인한 유아는 이후에도 타인이라는 거울을 통해 자신의 부족한 존재감을 채워가게 된다. 그러므로 '내'가 온전하게 완성되는 데 일차적으로 중요한 것은 가장 가까이에 있는 부모. 이들은 유아에게 거울과 같은 존재다. 엄마를 찾아 엉엉 울던 아이가 다시 따뜻한 엄마 품에 안겨 젖을 물고 모유를 먹을 때 겪는 엄마에 대한 재경험이 자신에 대한 '거울 이미지'로 작용하게 되는 것이다.

만일 애타게 찾았던 엄마가 자신에게 젖을 주지 않고, 오히려 유두를 깨문다며 신경질을 낸다면 아이는 더욱 크게 울 것이다. 이런 경험이 반복되면 아이의 내적 세계에서는 어떤 일이 일어날까? 이런 엄마를 경험하는 아이는 깨진 거울을 가진 것과 같아서, 그것에 자신을 비추고 부정적인 상을 가지게 될 수밖에 없다.

매우 변덕스러운 요술거울을 가진 아이들도 생각해볼 수 있다. 엄마라는 거울이 맑은 날에는 왕자나 공주로 비춰주다가 궂은날에는 망나니나 천덕꾸러기로 비춰주는 거울이라면, 이 거울로 자신을 비춰보는 아이는 아마도 자신의 존재에 대해 큰 분열을 경험할 것이다.

태어나자마자 엄마와의 공생symbiosis단계를 거쳐 서서히 개별화되어가는 유아(인간)는 엄마와 같은 중요한 타인을 통해 자신을 비추어보고 주목받고 확인받고 싶은 기질을 숙명처럼 지니고 평생을 산다. 그러므로 최초로 자신의 거울 역할을 하는 부모를 통해 아이가 겪는 정서적 경험이 일생 대인관계에 영향을 주는 것은 당연한 이치다.

아이를 웃게 하는 '까꿍놀이'의 마법

　다른 사람의 아이를 돌본 적이 있는가? 막 돌이 지난 아이를 반 나절 동안 돌봐야 하는 과제가 당신에게 주어졌다고 가정해보자. 아이의 흥미를 끌 만한 애니메이션 동영상, 맛있는 이유식, 재미난 장난감 등 나름대로 만반의 준비를 할 것이다. 그러나 아이는 당신의 눈과 마주친 순간 낯선 당신을 두려운 눈초리로 쳐다볼 것이 틀림없다. 갑자기 곁에 없는 엄마 아빠 생각에 울컥 울음을 토해낼지도 모른다.

　나 역시 이 같은 경험을 한 적이 있다. 결혼한 지 얼마 되지 않았을 때 여동생의 첫딸인 조카를 혼자 돌볼 시간이 있었는데, 여간 당혹스러운 것이 아니었다. 아이는 무표정하게 있다가도 날 보면 이내 볼을 실룩거리다가 울상을 지었다. 아마도 그때가 외삼촌인 나와 조카의 첫 대면이었을 것이다. 지레 겁을 먹은 나는 "울지 마, 아가야! 외삼촌이야!" 하고 볼멘소리만 연발했다. 결국 아이는 내 눈과 마주쳤을 때 참았던 울음을 터뜨렸는데, 나는 내 얼굴에 뭐가 묻었는지 확인까지 해보았다. 그래도 얼굴로 치자면 인상 좋다는 이야기를 적잖이 듣는 편인데, 은근히 짜증도 치밀었다. 아이의 정신을 딴 곳으로 돌리면 잠시 울음을 멈추었다가 내 얼굴을 보면 또다시 울상이 되니, 나야말로 정말 울고 싶은 심정이었다.

　어찌할 바를 몰라 동동거리고 있는데 그때 문득 '까꿍'이라는 두 글자가 머릿속에 스쳤다. 나는 아이에게 '까꿍놀이'를 시도해보기로 했다. 얼굴을 두 손으로 가리고 있다가 갑자기 손을 펼치면서 "까꿍!" 하고 소리 내며 환하게 웃는 놀이 말이다. 두서너 번 까꿍을 시도했는데, 조카의 얼굴에서 변화가 감지되었다. 눈에는 눈물이 아직도 그득했지만, 입가에는 조금씩 미소가 일기 시작했다. '만세!' 나는 아이를 편안하게 앉히고 본격적으로 까꿍놀이를 했다. 거짓말처럼 까꿍에 웃음으로 답하는 아이의 반응이 정말 놀라웠다.

이 신기한 경험 이후로 까꿍의 마법에 관심이 생긴 나는 까꿍놀이가 전 세계적으로 얼마나 보편적으로 행해지는지 관심을 가지고 살펴보기도 했다. 미국 사람들은 '까꿍' 대신 '피커부Peek a boo'라는 단어를 사용하는데, 까꿍놀이와 똑같은 방식으로 아이들에게 관심과 웃음을 유발한다. 유럽에서 역시 단어가 다를 뿐 같은 형태의 놀이를 한다. 까꿍 놀이는 한 나라에서 다른 여러 나라로 보급된 것이 아니라, 어느 문화권이든지 갓난아이와 돌봄을 제공하는 사람 간의 가장 자연스럽고 기본적인 첫 번째 놀이다. 아마도 그 놀랄 만큼 명확한 효과 때문에 이런 놀이가 보편적으로 정착된 것 같다.

나는 까꿍놀이를 '거울놀이mirroring play'라고 부른다. 얼굴을 가렸다가 갑자기 환하게 웃는 얼굴을 등장시키는 것이, 마치 허름한 거울을 망토로 덮고 있던 마술사가 갑자기 눈부신 마법의 거울을 비춰주는 것과 흡사하지 않은가. 까꿍놀이를 하는 어른들은 아이에게 있어 그저 자신과 다른 한 사람이 아니라, 아이가 자신을 비춰보고 자신의 모습을 경험하는 거울과도 같다. 그러므로 어떠한 상을 거울에 비춰주는지가 중요하다. 어떤 상이 보이는가에 따라 아이의 표정과 감정이 급격하게 조절되기 때문이다. 관심과 사랑, 기쁨이 담긴 긍정의 상을 비춰주면 아이 역시 자신을 긍정하고 웃게된다. 반면 불안과 노여움, 슬픔이 담긴 부정의 상을 비춰주면 아이 역시 자신을 부정하고 울게 된다. 이것은 거울같이 기능하는 타인이 있어 가능한 유아의 '정서적 조율affective attunement' 현상인데, 실로 놀라운 일이 아닐 수 없다.

내가 아무리 노력해도 조카가 울상을 지었던 이유는, 생전 처음 아기를 돌보느라 불안에 휩싸인 외삼촌의 내면이 표정을 통해 고스란히 어린 조카에게 비쳤기 때문이다. '불안한 외삼촌'이라는 거울에 자신을 비췄던 아이는 불안한 자신의 모습을 발견하고 두려움을 느꼈던 것이다.

그러다가 까꿍놀이를 통해 밝고 환한 웃음기 살아 있는 얼굴을 비춰주자, 안정을 되찾고 환하게 웃을 수 있었다. 만약 손을 가리고 나서 다시 보여준 얼굴에서도 내가 굳은 얼굴을 비췄다면 까꿍놀이의 마술성은 발휘되지 못했을 것이다. 성공적인 까꿍놀이의 비밀은 긍정의 상을 비추는 거울로 인해 나타나는 아이의 마술 같은 변화다.

아이에게 심리적 산소를 불어넣자

유아의 정서적 경험을 연구하던 미국의 정신과의사 도널드 네이선슨Donald Nathanson은 생후 2개월 반에서 3개월밖에 안 된 유아들을 대상으로 까꿍놀이와 반대되는 실험을 한 적이 있다. 아이와 눈을 맞추며 방긋방긋 웃고 있던 엄마에게 잠시 뒤돌았다가 전혀 다른 무서운 표정을 짓게 한 것이다. 다소 엽기적인 발상이긴 하지만 이 실험은 유아의 정서적 조율 현상에 대해 매우 의미 있는 결과를 보여주었다. 엄마의 무서운 표정을 대면한 아이의 표정에 공포와 불안이 뒤섞인 급격한 변화가 나타나면서 울거나 고개를 숙이고 결국 시선을 피하더라는 것이다.

네이선슨은 이런 현상을 '아이가 상대에게 기대했던 바가 제공되지 않을 때 예기치 않은 반응에서 느끼는 아이의 첫 번째 수치 경험'이라고 주장한다. 눈을 맞추지 못하고 얼굴을 돌리거나 고개를 숙이는 등의 신체 변화는 수치심에 동반되는 유아들의 특징이기 때문이다.

상담을 하다 보면 어릴 적에 수치 경험을 많이 했던 성인은 다른 사람과 눈을 마주치는 일을 어려워하는 경우가 많다. 특히 처음 보는 사람이나 권위적 대상의 시선을 기피하는데, 이들 대부분은 어린 시절 자신을 긍정적으로 비춰주는 거울의 역할을 담당하는 대상이 없었기 때문에 심리적으로 자기인식이 건강하지 않은 경우가 많았다. 즉 자기 자신을 혹독하게 평가절하하기 때문에 자존감이 밑바닥에 내려앉아 있는 것이다.

이렇듯 낮은 자존감이 형성되는 이유는 까꿍놀이와 같은 긍정적인 거울놀이가 유아기와 아동기, 청소년기에 걸쳐 이어지지 못했기 때문이다. 부모가 지속적으로 아이의 거울이 되어주지 못한 것이다. 어린 시절 아이가 부모로부터 경험하는 정서적 조율 경험은 거울에 비치는 자신의 모습과 직결된다. 이때 자신의 모습은 물리적 거울에 비친 겉모습이 아니라 마음속에 만들어지는 심리적 모습을 의미한다. '자기 곁에 어떤 거울이 있는가'와 '어떤 심리적 자기인식을 가지는가'는 동전의 앞뒷면이 된다. 권위적이고 위협적인 거울에서는 자기를 소중하게 여기는 정체성이 만들어지지 않고, 변덕스럽고 예측불허인 거울에서는 일관성 있고 안정감 있는 자아정체성self-identity이 형성될 수 없다.

생물학자들은 오직 인간만이 태어난 직후에 걸어 다닐 수도 없고, 단 하루도 혼자 살아갈 수 없을 만큼 손이 많이 가는 생명체임에 주목한다. 대부분의 포유류가 태어난 지 얼마 되지 않아 바로 자기 발로 일어나는 것과는 대조적이다. 이러한 이유에서 인간은 태초부터 대상을 향한 강한 인정욕구를 지니고 태어난다고 볼 수 있다. 혼자서 존재하는 인간은 없다. 인간은 태초부터 자신을 주목해 비춰주고, 자신과 관계하면서 인정해줄 대상이 필요하다.

생물학적으로 인간이 존재하기 위해 필요한 것은 심장박동이지만, 심리학적으로 건강하게 살아가는 데 필요한 것은 주위의 거울에서 오는 인정과 관심이다. 그래서 이러한 인간만의 독특한 심리적 경험, 즉 자신과 대상 사이의 거울 경험을 정신분석학자 하인즈 코헛Heinz Kohut은 '심리적 산소'라고 부른다. 동물과 달리 인간은 심리적 산소가 필요한 존재이기에 생물학적 죽음과 심리적인 죽음이 나뉠 수밖에 없다. 생물학적 죽음은 호흡이 끊긴 상태를 의미하지만, 심리적 죽음은 거울반응이 없는 상태다. 스스로 목숨을 끊는 것은 바로 심리적 죽음에 대해 인간이 보이는 가장 비극적인 반응이다.

당신의 아이는 어떤 자기상self image을 가지고 있을지 상상해보라. 지금 이 순간에도 아이의 내면에서는 부모 거울에 비친 정체성이 형성되고 있을 것이다. 부모는 아이를 육체적으로 태어나게 할 뿐 아니라, 심리적으로 건강한 존재로 태어나고 성장하게 하는 데 가장 결정적인 역할을 한다는 점을 기억하자. '미러링' 즉, '거울 되어주기'는 인간 부모만의 특권이자 의무다. 아이에게 거울이 되어주는 일은, 생명을 가지고 태어난 한 인간이 자신을 존중하고 사랑받기에 충분한 존재로 인식하도록 심리적 산소를 공급하는 일이기 때문이다.

먼저 부모로서, 또 거울로서의 스스로를 점검하자. 혹시 거울이 불량은 아닌지, 아이의 약점과 실수만을 확대해 비추는 볼록거울,

혹은 장점은 축소하고 칭찬은 최대한 절제하는 오목거울은 아닌지 말이다.

"넌 도대체 누구 아들이니?"
"엄마가 미쳤지! 너 같은 걸 배 아파서 낳다니……."
"아직도 멀었어! 이 정도 성적 가지고 만족하면 안 돼!"
이와 같은 말을 서슴지 않고 하는 부모가 있다면, 그러한 부모의 거울에 비치는 아이는 어떤 심리적 경험을 하게 될까?
'엄마 아빠는 날 창피해해!'
'난 태어날 가치도 없었던 놈이야!'
'난 결코 부모님을 만족시킬 수 없어! 늘 2퍼센트, 아니 20퍼센트 부족할 거야!'

거울부모란 까꿍놀이를 하는 나이부터 시작해 아이에게 지속적으로 긍정적인 주목과 인정을 제공함으로써 아이가 심리적으로 건강한 자기인식을 갖게 하는 부모다. 이제 본격적으로 거울부모가 되는 길에 나서보자.

아이의 자존감을 높이는 대화법

세상에 태어난 아이는 부모와 상호작용하며 심리적으로 자신을 인식해간다. 거울을 통해 우리가 자신의 모습을 인식하는 것처럼, 아이는 부모라는 거울을 통해 자신의 내면적 모습을 인식하게 된다. 그러므로 부모는 아이의 마음을 읽어주고 아이의 긍정적인 모습을 비춰줌으로써, 아이가 자신을 소중하고 유능한 존재로 느끼도록 만들 수 있어야 한다. 이러한 거울부모의 역할은 훗날 아이가 성장하면서 자신의 존재를 귀하게 여기는 자존감의 기초가 된다.

다음은 부모가 아이에게 흔히 하는 말 중 일부다. 이 중에서 혹시 여러분도 아이에게 습관처럼 쓰는 말이 있는지 살펴보자. 이러한 부모의 말에 아이의 마음에는 어떤 심리적 경험이 새겨질까?

아래와 같이 아이의 가슴을 비추는 거울반응의 예시를 보고 부모 자신의 반응에 변화를 시도해보자.

보통부모	"도대체 엄마가 몇 번을 말해야 알아듣겠니? 지겹다, 지겨워!"
아이의 속마음	'난 결코 엄마를 만족시킬 수 없는 문제아야! 아마 난 평생 아무에게도 인정 못 받을 거야.'
거울부모	"벌써 여러 번 틀렸는데, 너도 자꾸 잊어버려서 속상하지?"

보통부모	"친구와 싸우는 건 나쁜 거라고 했지? 빨리 사과해."
아이의 속마음	'무조건 내가 다 잘못한 거야. 사과라도 빨리 해야 그나마 최소한의 인정이라도 받을 수 있어.'
거울부모	"친구와 사이좋게 놀고 싶은데 잘 안 되는 거야? 어떻게 하면 좋을까? 이번에는 너도 느낀 게 있을 것 같은데, 한번 이야기해볼래?"

보통부모	"남자는 그렇게 바보처럼 우는 게 아니야. 그만 울어."
아이의 속마음	'나는 남자답지 못한 남자야. 앞으로 어느 여자가 날 좋아해줄까?'
거울부모	"그렇게 펑펑 우는 걸 보니 많이 억울한 것 같은데, 무슨 일인지 자세히 이야기해볼래?"

보통부모	"도대체 어디서 그런 말을 배운 거야? 욕하지 말라고 몇 번이나 말했잖아. 자꾸 욕하면 넌 진짜 나쁜 사람이 될 거야."
아이의 속마음	'나는 나쁜 아이야. 정말 난 평생 이렇게 나쁜 짓만 하고 살지도 몰라.'
거울부모	"그런 욕을 하는 걸 보니 너 단단히 화가 난 모양이구나. 너도 그런 말이 나쁘다는 건 잘 알 텐데……. 무슨 일 때문에 그러는지 이야기해봐."

보통부모	"너는 형이잖아. 네가 더 잘해야지. 그러니까 네가 참아."
아이의 속마음	'나는 동생만도 못한 못난이야. 부모님은 늘 나를 창피해하실 거야.'
거울부모	"형이라서 늘 동생에게 양보하라는 말을 듣는데, 그러고도 엄마 아빠한테 야단까지 맞으면 짜증날 만도 해. 엄마는 우리 아들이 그래도 잘하고 있다고 생각하는데, 오늘은 무슨 일이야?"

보통부모	"다 큰 녀석이 왜 이렇게 엄마에게 매달리고 귀찮게 굴어? 넌 이제 그럴 나이 지났어!"
아이의 속마음	'엄마는 이제 내가 뭐든지 혼자 해결하기를 바라셔. 이젠 더 이상 엄마에게 아무런 도움을 받을 수 없을 거야.'
거울부모	"우리 아들이 다 큰 줄 알았는데 요즘 부쩍 어리광이 늘었네. 요즘 마음속이 뭔가 허전한가? 엄마에게 무슨 일인지 이야기해볼래?"

보통부모	"넌 손님들만 오시면 꼭 이렇게 철없이 굴더라? 얼른 네 방에 가서 조용히 있어."
아이의 속마음	'나는 우리 집에서 필요 없는 존재야. 다른 사람들 앞에서 날 부끄러워하시는 게 분명해.'
거울부모	"아빠가 주말에 같이 놀아주겠다고 했는데, 지금은 손님들이 오셔서 못 놀아주겠다. 많이 섭섭하겠지만 다음 주말에 아빠가 오늘 몫까지 두 배로 놀아주면 안 될까?"

보통부모	"왜 남자아이들이 너를 다 싫어한다는 거야? 네가 너무 남자같이 행동하니까 그렇지."
아이의 속마음	'그래, 난 안 예쁘니까 앞으로도 남자아이들이 날 절대 좋아하지 않을 거야.'
거울부모	"남자아이들이 그렇게 한꺼번에 놀려대니 너무 속상하고 창피했겠다. 학기 초라 아이들이 아직 네 진가를 몰라서 그럴 거야. 조금만 기다려보자. 다음 주도 계속해서 놀리면 엄마한테 꼭 다시 이야기해줘."

이제 아이의 가슴속 감정을 읽어주고 긍정적으로 비춰주려는 거울부모로서 당신은 어떻게 반응하겠는가? 부모가 아이의 강점이나 느낌은 축소하고 약점과 문제행동만 확대하는 반응을 보이면 아이는 스스로 부적절한 존재감을 갖게 된다. 반면 건강한 거울부모는 아이의 느낌을 그대로 비춰냄으로써 아이가 자신의 있는 모습 그대로를 귀하게 여기고 부모와 더 많은 대화를 나눌 수 있도록 이끈다.

04

주목하고,
인정하고, 칭찬하라

아이는 부모의 주목과 인정 그리고 칭찬을 먹고 자란다.
이상적인 칭찬은 결과가 아닌 과정에 주목하고
가슴높이를 맞추는 것이다.

아이들이 성장하여 중고등학생이 되면 아이돌 가수나 스포츠 스타를 좋아하곤 한다. 자신이 좋아하는 연예인의 소식에 울고 웃는 것은 물론, 실물을 보겠다고 쫓아다니기도 한다. 그런 아이를 지켜보는 부모는 걱정이 이만저만이 아니다. 하라는 공부는 안 하고 시간을 낭비하는 것이 영 못마땅하기 때문이다. 게다가 연예인의 옷차림이나 말투까지 따라 하는 모습은 지나쳐 보이기도 하다.

　"좋아하려면 수준에 맞는 스타를 좋아하든지 말이야. 저 연예인처럼 얼굴도 작고 몸매가 늘씬해야 그나마 어울리는 옷을 네가 그대로 따라 입으면 어떡해!"

　내 경우도 예외는 아니었다. 중학교 시절 당시 외국의 아이돌 스타였던 브룩 실즈나 소피 마르소의 사진을 구해 책상 위는 물론 잠자리 머리맡에도 붙여놓았는가 하면, 그 배우들이 출연한 영화의 주제가를 외우고 다니기도 했다. 당시 나는 외할아버지 외할머니와 한방을 썼는데, 할머니는 내 손을 꼭 잡으면서 이렇게 당부하곤 했다.

"수영아, 너 나중에 꼭 한국 사람이랑 결혼하거래이."

아이의 마음을 어떻게 비춰야 할까

"어린애가 벌써 가수 흉내나 내고 저러면 나중에 뭐가 될꼬?"

부모는 아이가 연예인을 지나치게 좋아한다는 생각에 늘 걱정이 태산이다. 하지만 아동기나 청소년기에 연예인 흉내를 낸다고 모두 연예인이 된다면, 지금쯤 대한민국은 연예인들만 살아야 하지 않을까.

왜 아이들은 타인의 행동을 모방할까? 타인의 행동을 모방하는 것은 자신을 거울에 비춰보는 과정이다. 이때 어떠한 거울을 만나고, 어떠한 이미지를 가지고 자신의 모습을 구축하는지가 중요하다. 아이는 부모라는 거울에만 자신을 비춰보다가, 차츰 선생님이라는 거울과 친구라는 거울도 만난다. 사회심리학자들은 아이가 자신을 비춰보는 주위의 거울들을 '중요한 타자 significant others'라고 부른다.

10대 아이들은 주위의 가족이나 친구를 넘어서 어떤 거울을 가지려고 할까? 이때 자신을 비춰보기 원하는 타자는 주로 대중에게 주목받고 인정받는 사람들이다. 이유는 간단하다. 거울에 비친 나 자신도 다른 사람들에게 주목받고 인정받는 모습으로 만들어가고 싶기 때문이다. 이는 자연스러운 발달과정 중 하나일 뿐, 부모가 걱정하는 대로 연예인이 입은 옷을 입거나 그들이 하는 언행을 따라 하는 모방 자체에 큰 뜻이 있는 것이 아니다.

그러니 모방은 많은 사람에게 인정받도록 자신을 가꾸어가는 건강한 성장의 표시로 해석하는 것이 좋다. 아직 어린 것이 같잖게 연예인 흉내나 낸다고 나무랄 일이 아니다. 그 시기에 실컷 연예인인 척하게 두고, 그 대신 아이의 장점에 주목하고 인정해주자. "엄마는 네가 좋아하는 가수보다 네가 훨씬 매력적으로 보인다!" 하고 말이다.

거울부모가 되기 위해 습득해야 할 중요한 기본기는 '아이를 어떻게 비출 것인가'다. 앞서 이야기한 대로 어린 시절에 거울 역할을 해주는 부모의 존재 그 자체도 중요하지만, 그 거울이 얼마나 정상적인 거울인가는 그것보다 더욱 중요하다. 좀 더 구체적으로 살펴보자.

비치는 아이의 상이 찌그러지거나 지나치게 축소되는 거울이라

면 없느니만 못하다. 이런 상을 비추는 불량 거울부모의 의사소통
에는 몇 가지 특징이 있다. 일방적으로 명령하고 요구하기, 경고하
거나 위협하기, 훈계하기, 비난하기, 추상적인 말로 칭찬하기, 상
투적인 말로 안심시키기, 심문하듯 따져 묻기, 화제 회피하기 등이
그것으로, 모두 아이의 가슴보다는 머리에 집중하는 인지적인 소
통 방식이다. 혹시 무의식적으로 아이에게 다음과 같이 내뱉진 않
는지 곰곰이 되돌아보자.

　"오빠하고 싸우지 마. 너는 동생이니까 언제나 오빠에게 양보해
야 해!"
　"또다시 동생을 때리면 혼날 줄 알아. 또 그러면 집 밖으로 내쫓
을 거야."
　"형제 간에는 항상 우애가 있어야 해. 동생과 사이좋게 노는 것
은 네 책임이야."
　"이런 못된 녀석. 그러면 아주 나쁜 형이 되는 거야. 아빠는 더
이상 너하고 말도 하고 싶지 않아!"
　"너는 착한 아이잖아. 너는 다른 아이들보다 훨씬 훌륭한 사람
이 될 텐데 그러면 쓰겠니?"
　"괜찮아. 내일이면 다 괜찮아질 거야. 아무 걱정하지 마!"
　"언제부터 학교에 가기 싫어졌니? 누구하고 싸웠지? 아니면 무
슨 사고 친 것 아냐?

"이제 지난 일은 그만 잊어버려. 자꾸 과거에만 매여 있으면 어쩌려고 그러니. 이제 제발 다른 이야기 좀 하자."

부모들의 이러한 반응은 하나같이 아이의 미래를 걱정하는 마음을 담고 있지만, 안타깝게도 아이의 감정은 교묘히 비켜나가고 있다. 그렇다면 어떻게 아이를 비추는 거울부모가 되어야 할까?

영화 촬영 현장을 한번 생각해보자. 백화점 한복판에서 촬영이 한창이다. 유명 배우를 보려고 고개를 이리저리 내밀어보지만 사람이 너무 많고 현장도 복잡해서 누가 배우고 누가 스태프인지조차 구별할 수 없다. 그런데 갑자기, 배우의 얼굴에서 엄청난 광채가 나기 시작한다. 무엇이 그런 현상을 만들어낸 것일까?

비밀은 바로 반사판에 있다. 서너 개의 조명에서 나오는 빛이 스태프들이 들고 있는 둥근 반사판을 거쳐 배우의 얼굴에 정확히 집중된 것이다. 제각기 다른 곳을 비추던 조명들은 반사판 덕분에 한곳에 모이며 배우를 눈부시게 만들어주었다.

아이를 비추는 거울의 원리도 이와 마찬가지다. 무엇보다 중요한 원칙은 여러 조명을 아이가 꼭 필요한 부분으로 모아 비추는 거울이 되는 것이다. 아이를 비추는 조명이 전혀 없는 것도 문제지만 아무 조명이나 다 필요한 것은 아니다. 아이에게 정말 필요한 조명을 집중적으로 비춰주는 거울은 그래서 중요하다. 유아기에 이미 부모에게 많은 조명을 받아본 아이들이 끊임없이 주위로부터 조명받기를 갈구하는 것도 이러한 이유 때문이지 않을까?

어떤 조명을 비추느냐에 따라 아이는 달라진다

성장기의 아이는 가정을 벗어나 여러 사회에서 활동하면서 세상에 갓 태어나 자신만을 비춰주었던 엄마 아빠의 조명을 그리워하게 된다. 주목받고 싶은 바람이 크기 때문에 다른 사람들이 비춰주는 조명은 무엇이든지 반갑기만 할 뿐 그러한 주목이 자신에게 긍정적인지 부정적인지 구별하지는 못한다. 마치 촬영감독이나 조명기사가 준비한 조명이 아니라 엉뚱한 조명 앞에서 열심히 연기하는 배우처럼 말이다.

내 딸 다빛이의 경우도 마찬가지였다. 미국에서 유학하던 시절에 태어난 딸아이는 그곳에서 유치원을 다녔다. 온통 백인 아이들뿐인 유치원에 잘 적응할지 걱정이 컸는데, 다행히 친구들과도 잘 어울리고 원장선생님의 사랑도 듬뿍 받았다.

그러던 어느 날 아내는 딸에게서 이상한 점을 발견했다. 언제부턴가 점심 도시락을 전혀 먹지 않고 돌아오는 것이었다. 더 기가 막힌 것은, 왜 먹지 않았냐고 물었더니 원장선생님이 못 먹게 했다는 것이다. 딸아이의 대답에 우리는 할 말을 잃었다. 순간적으로나마 딸아이가 차별대우를 받는 건 아닌지 의심스러웠지만, 평소에 알고 있는 원장선생님의 인품으로 봐서는 도저히 상상이 가지 않는 일이었다.

나는 점심시간에 유치원에 찾아가서 무슨 일이 일어나는지 관찰해보기로 했다. 복도에서 교실 안을 들여다보니, 딸아이와 십여 명의 아이가 원장선생님과 둥그렇게 모여 앉아 식사를 막 시작하려던 참이었다. 그런데 딸아이가 주위를 두리번거리더니 도시락을 옆에 끼고 자리에서 일어났다. 아이는 무슨 게임이라도 하듯이 둥그렇게 앉은 친구들 주위를 달리기 시작했다. 한 바퀴쯤 돌았을 즈음에 원장선생님이 뭐라고 말하는가 싶더니, 자리에서 일어나 술래잡기하듯 딸아이 뒤를 따라다녔다. 자리에 앉아 있는 친구들은 박수를 치고 즐거워하면서 딸아이를 응원했고, 신이 난 딸아이는 더욱 열심히 달아났다. 그렇게 얼마나 지났을까. 지친 원장선생님이 딸아이 잡기를 포기하고 다시 자리로 돌아와 앉았고, 한참을 뛰놀던 딸아이도 마침내 자리에 앉았다. 딸아이가 도시락 뚜껑을 열려고 하자 점심시간의 끝을 알리는 종이 울렸다. 그제야 지난 며칠 동안 딸아이가 도시락을 그대로 가지고 온 이유를 알게 되었다.

그날 오후 나는 원장선생님을 찾아가 점심시간에 목격한 장면에 대해 이야기를 건넸다. 죄송하다는 말씀을 전하기가 무섭게 원장선생님은 괜찮다며 대수롭지 않게 여겼다. 나는 조심스럽게 앞으로는 딸아이가 뛰어다녀도 쫓지 말아달라고 부탁했다. 원장선생님이 다빛이의 이름을 부르면서 함께 뛰고 친구들이 더불어 환호

하는 한, 딸아이의 못된 행동은 결코 멈추지 않고 계속될 수 있다고 말이다. 다빛이의 행동을 못 본 척하고 무시하되, 대신 딸에게 들릴 정도의 목소리로 점심을 얌전히 먹고 있는 다른 친구의 이름을 부르면서 칭찬해달라는 부탁도 드렸다.

다빛이는 며칠 지나지 않아 도시락을 싹 비우고 돌아왔다. 무엇이 내 딸아이를 돌변하게 한 것일까? 사실은 아이가 돌변한 것이 아니라 거울이 어떤 조명을 비춰주느냐에 따라 반응을 다르게 한 것뿐이다.

아이는 조명을 구별하지 못한다. 조명을 구별하는 것은 어른이다. 어떤 조명은 지나치게 어두워서 오히려 비추지 않는 것이 나은 반면, 어떤 조명은 비추는 사람에게 초점이 잘 맞아서 환하고 또렷하게 드러나도록 한다. 이렇듯 조명은 두 가지의 다른 얼굴을 만들어낸다.

원장선생님이 자신의 이름을 부르며 쫓아다니고 모든 친구가 자신을 주목하며 따라다니는 엄청난 조명을 경험한 딸아이는 자신의 행동이 옳지 않다는 것을 깨닫지 못했다. 원장선생님이 부정적인 조명을 계속 비춰주고 있었기 때문이다.

아마도 다빛이는 피부색과 생김새가 다른 친구들 사이에서 더욱더 조명을 받고 싶었는지도 모른다. 하지만 다빛이에게 필요한 것은 그저 조명만이 아니라, 그것이 만드는 두 가지 얼굴의 차이를 구별하도록 비춰주는 거울이었다.

소리 지르는 부모 밑에 소리 지르는 아이 있다

우리는 무리 중에 끼어 있는 말썽꾸러기를 보면 그 아이의 기질과 가정교육부터 의심한다. 본래부터 산만한 데다가 가정교육을 제대로 받지 못해 예의가 없다는 식으로 평가하는 것이다. 물론 아이의 행동을 평가할 때 기질과 가정교육을 배제하고 이야기하는 것도 무리다. 하지만 그보다 먼저 그 말썽꾸러기를 비추는 거울을 점검해봐야 하지 않을까?

아이가 문제될 만한 행동을 할 때마다 거울이 그 행동을 비추고 함께 소리 지르며 반응하면 아이의 공격적인 행동은 지속될 수밖에 없다. 아이가 원래 그런 것이 아니다. 달걀이 먼저냐 닭이 먼저냐를 두고 논쟁할 때 분명한 것은 달걀과 닭이 서로 연결되어 있다는 순환관계다. 마찬가지로 아이의 공격성은 공격적인 어른의 거울 비추기와 긴밀하게 연결되어 있다.

항상 떠들어서 지적받는 아이는 즉각적으로 지적하는 선생님이라는 거울 때문에 계속 떠들 수밖에 없다. 떠드는 방법 외에 선생님의 조명을 받을 일이 없는 아이는 지적받는 일이 긍정적인 주목이 아니라는 것을 깨닫지 못한다. 그처럼 어두운 조명에만 익숙한 아이는 그보다 밝은 조명이 있다는 사실도 잊어버린 채, 그저 자신에게도 조명이 비추고 있다는 것에 집착할 뿐이다.

그러므로 아이가 바람직하지 않은 행동을 한다고 그것에 바로 반응해서는 안 된다. 즉각적인 관심과 주목은 잘못된 행동을 지속하게 하는 거울이 되기 때문이다.

아이는 처음으로 선생님이나 친구의 주목을 끈 사건을 기억하고, 다시 한 번 동일한 경험을 할 경우에는 그 행동을 반복학습하기 마련이다. 아이가 떠드는 즉시 더 큰 소리로 반응하는 선생님이라는 거울에 비친 아이의 모습을 상상해보라. 아이는 그 거울에 비친, 조명받는 자신의 모습을 더욱 또렷하게 학습한다. 선생님은 내가 떠들기만 하면 가장 확실하게 주목하고 조명을 비춰준다고 말이다.

아이의 잘못된 행동을 바로잡기 위해서는 거울 역할을 하는 어른이 반응하지 않거나 모른 척하는 것이 훨씬 더 효과적이다. 잘못된 조명은 걸러주는 지혜로운 거울의 역할이 필요한 것이다. 물론 부정적 행동을 무시하고 주목하지 않으려면 무척 큰 인내심이 필요하다. 하지만 어른들이 아이들의 부정적인 행동을 즉시 거울로 비추지 않고, 대신 좀 더 긍정적인 행동을 비추어 보여주는 것이 아이들의 바람직한 자기인식을 위한 필수 과정이다.

가슴높이 공감의 3원칙

거울 비추기의 과정은 3단계로 나눠볼 수 있다.

첫 번째 단계는 단순히 아이를 지켜보고 비춰주는 '주목'이다. 아이는 이 거울에 비친 자신의 모습을 인식하고 느끼기 시작한다. 이후 아이는 주위의 거울로부터 인정과 관심을 받기 원하는데, 두 번째 단계에서는 이 '인정욕구'를 충족시키는 조명이 필요하다. 마지막은 형형색색의 조명을 모아서 집중적으로 비춰주는 '칭찬'이다. 칭찬은 단순히 어느 한순간에 아이들의 기를 살려주는 역할만 하는 것이 아니다. 칭찬은 부모나 선생님이라는 거울에 비친 칭찬받을 만한 자신을 발견하고 자존감을 키울 수 있는 발판이 된다.

자녀교육에 있어서 칭찬이 가지는 중요성은 이미 널리 알려져 있다. 하지만 칭찬이 만병통치약은 아니다. 칭찬 중에서도 어른이라는 거울을 통해 아이들이 정확하게 자신을 비춰볼 수 있도록 하는 칭찬이 필요하기 때문이다. 거울로 비추는 어른과 아이가 함께 가슴높이를 맞출 수 있다면 금상첨화다.

예를 들어보자. 내 딸의 경우 뭐 하나를 하려고 하면 자신의 방을 난장판으로 만드는데, 다행히 치우는 솜씨도 남다르다. 그래서 손님이라도 오는 날에는 정리 잘하는 솜씨가 빛을 발한다. 이런 딸에게 어떻게 칭찬을 건네면 좋을까?

"역시 넌 대단해! 최고야! 최고!"

최고라고 치켜세우는 칭찬에 기분 나빠할 아이는 없다. 하지만 거울에 비친 자신의 모습을 또렷하게 인식하려면 좀 더 구체적인 칭찬이 필요하다. 무조건 최고가 아니라, 어떤 점이 최고로 만드는지를 명확하게 비춰주어야 한다.

"갑자기 손님이 오신다고 해서 방 치우는 일이 걱정이었는데, 이렇게 말끔히 정리해주니 아빠는 네가 대견스럽고 진짜 고마워. 방 정리만큼은 다빛이가 최고다!"

아이는 자신의 장점이 무엇인지, 어떤 점에서 자신이 최고인지를 명확히 알아야 한다. '명확히' 안다는 것은 매우 중요하다. 모든 것에서 최고가 될 수 있는 사람은 없기 때문이다. 초등학생들과 집단상담을 하면서 자신의 장점 열 가지를 꼽아보게 한 적이 있다. 그런데 놀랍게도 열 가지를 다 채우는 데 꽤 시간이 걸리는 아이들이 많았고, 끝내 다 채우지 못하는 아이들도 적지 않았다. 대부분 부모님의 사랑을 듬뿍 받고 귀하게 자란 아이들일 텐데 어떻게 된 일일까? 혹시 어느 날 아이에게 세상에서 최고라고 했다가, 다음 날에는 어떤 행동이 마음에 안 든다며 호통을 치는 부모가 많기 때문은 아닐까? 이렇게 부모의 감정에 치우쳐 들쭉날쭉 애매모호한 칭찬으로 거울 비추기를 하면, 아이는 오히려 자신의 모습을 혼동하게 된다. 자신이 왕자인지 거지인지 헛갈리면서 말이다. 이런 환경에서 자신의 장점을 구체적으로 파악하기란 불가능하다.

잘못된 칭찬은 아이에게 오히려 잘못된 자기인식을 심어준다. 나는 오늘날 점점 심각해지고 있는 학교에서의 집단따돌림 문제는 자신이 무조건 옳고 최고라고 생각하는 왕자와 공주 아이들이 너무 많아졌기 때문이라고 생각한다.

어느 집이나 이젠 아이가 하나나 둘 정도이니, 온갖 주목을 독차지하는 왕자와 공주가 온 가정에 널려 있다. 게다가 부모들은 기분 좋을 때마다 "네가 이 세상에서 최고야!" 하고 치켜세우는데, 이런 일방적 칭찬은 왕자와 공주를 서서히 자기만 아는 이기적인 사람으로 만든다. 자신을 세세히 비추어볼 거울이 없기 때문에 왕자와 공주는 어떤 것이 칭찬받을 만한 일인지에 대한 분별력을 점점 상실한다. 그 때문에 마치 절대권력을 휘두르는 폭군처럼 자신의 행동에 대한 아무런 반성 없이 왕따의 가해자가 된다. 이들은 자신에 대한 이유 없는 자긍심은 높을지 몰라도, 친구의 마음을 헤아리는 공감능력 면에서는 낙제에 해당한다.

그러므로 왕자와 공주에게는 더더욱 거울부모의 특별한 칭찬이 필요하다. 거울부모의 이상적인 칭찬은 행동의 결과가 아닌 과정에 주목하고 가슴높이를 맞추는 것이다. 하지만 대부분의 부모는 주로 결과 중심으로 칭찬한다. 칭찬하기 전에 조건을 내건 다음, 결과가 그 조건에 미치지 못하면 냉담한 반응을 보이는 것이다. 중간고사에서 백 점을 맞으면 해달라는 것을 다 해주겠다는 일방적인 조건을 내세운 뒤, 결과가 다르면 아무런 보상도 칭찬도 건네지 않는다. 비록 자신의 기대치에 미치지 못했더라도 그것에 부응하기 위해 아이가 지나온 과정, 즉 아이가 쏟은 노력과 고충을 헤아리는 부모를 찾기는 어렵다.

가슴높이를 맞추는 칭찬은 단순히 방을 잘 정리했다는 결과만을 이야기하는 칭찬 이상의 칭찬을 의미한다.

"이것저것 무거운 것도 많고 혼자서 방을 치운다는 게 쉽지 않은데, 힘들지 않았니? 동생이 어지른 것까지 대신 치우면서 속상했지? 그런데도 이렇게 잘 정리하다니 너무 대견하구나, 우리 딸!"

아이는 부모가 자신의 감정에 가슴높이를 맞춰줄 때 진정 자신이 이해받고 사랑받고 있다고 느낀다. 칭찬은 단순히 수고한 전사에게 주어지는 전리품이 아니다. 거울 비추기의 마지막 단계인 칭찬은 어른과 아이, 부모와 자녀 사이에 가슴높이를 맞추어 상호 존중과 사랑을 나누는 공감의 과정이다. 이러한 과정을 통해서 아이는 자신을 사랑받을 만한 소중한 존재로 인식하고 평생을 살게 된다. 우리 아이의 행복한 삶을 위해, 이 얼마나 중요한 일인가?

'구나'-'바라고'-'느꼈나 보다' 공감 연습

아이의 잘못된 행동에 주목하면 할수록, 아이는 계속 주목받고 싶은 마음에 그 행동을 계속하게 된다. 부모는 아이의 반복되는 행동에 더욱 즉각적으로 반응하게 되고, 그 반응을 관심으로 받아들이는 아이는 더욱 강한 반응을 일으키는 문제행동을 하는 악순환이 거듭된다. 거울부모는 아이의 긍정적인 부분에 주목하고 집중적으로 조명할 수 있어야 한다. 주목, 인정, 칭찬의 세 단계를 통해 가슴을 비춰주어야, 아이의 부정적인 행동이 사라지고 긍정적인 자아상을 세우게 된다.

아이의 잘못된 행동을 보면 즉시 지적하는 일이 습관처럼 몸에 밴 부모들은 일단 즉각적인 반응부터 자제하는 것이 관건이다. 부모에게 아예 아무런 반응도 하지 말라고 하면 지나친 요구일 테니, 그런 경우에는 다음과 같은 주문을 외워보자. '구나-바라고-느꼈나 보다.' 이 주문은 아이의 잘못을 급하게 지적하지 않고 그에 대한 공감이 가능하도록 하는 공식이다. 이를 어떻게 활용하는지 알아보자.

중학생인 아이가 학교에서 돌아온 후 당신에게 할 말이 있다고 말했지만 당신도 급하게 집안일을 하던 중이어서 충분히 주목해주지 못했다. 그러자 아이가 갑자기 신발주머니를 발로 차고, 자신의 방으로 가더니 쿵 소리를 내면서 문을 세게 닫고 들어갔다. 아이가 '중2병'을 앓고 있다고 혀를 차면서 아이의 부적절한 행동에 마음이 많이 거슬렸을 부모라면 "너, 어디서 배운 버릇이니?" 하고 달려가 아이의 못된 행동을 지적하기 십상일 것이다. 하지만 아이는 앞으로도 부모의 주목을 끌기 위해서는 약간의 공격성을 드러내야 한다는 사실을 무의식적으로 학습할지도 모른다. 이럴 때 '구나-바라고-느꼈나 보다' 공식을 활용해보자.

1단계(관찰) : "우리 소영이가 할 말이 있다고 했는데, 엄마가 하는 일에 정신이 팔려 제대로 들어주지 못했**구나**."

2단계(욕구) : "소영이는 엄마가 하던 일을 일단 멈추고 네 이야기를 집중해서 들어주기를 **바라고** 있었는데……."

3단계(느낌) : "그런데 엄마가 제대로 안 듣는 것 같아서 엄마가 무관심하다고 **느꼈나 보다**. 미안해. 조금 더 기다려주면 안 되겠니?"

'구나' 단계에서는 아이의 행동을 판단해서 지적하지 않고, 아이의 눈에 보였을 장면을 거울 비추듯이 그대로 관찰하여 말하면 된다. 이때 주의할 점! "너 화 많이 났구나?", "너 짜증났구나?" 등은 아이의 감정을 비추는 말이 아니라 아이의 감정 상태를 비판하고 판단하는 말이라는 것이다.

이럴 때 아이의 반응도 불을 보듯 뻔하다. "화 안 났거든! 관둬. 이야기 안 해!" 하지만 이때 아이가 느낀 진짜 느낌은 분노가 아니라 엄마의 관심을 받지 못하는 데서 오는, 버림받았다는 느낌에 가깝다. '구나' 단계에서는 아이에 대한 어떠한 판단도 일시 중지하는 것이 중요하다. 다음 단계는 아이의 바람(want)과 그것이 이루어지지 않아서 가슴 속 깊이 생긴 느낌을 함께 느끼는 것이다. 너무 어려워 감히 근접할 수 없는 신의 경지처럼 들리는가? 용기를 가지고 시작하자. 구나-바라고-느꼈나 보다!

05

아이 속마음을 알고
가슴높이를 맞추자

부모의 주목을 끌고 싶어하는
아이의 속마음을 읽어야 한다.
아이의 속마음을 들여다보며 공감하려면
어떻게 대화해야 할까?

"우리 애는 가족끼리 있으면 아주 착한데 다른 사람만 있으면 갑자기 말썽을 피우고 떼를 써요. 얼마나 약은지, 남들이 있으면 제가 혼내지 못한다는 걸 아는 것 같아요."

　상담을 하다 보면 엄마들에게서 이런 말을 자주 듣는다. 글쎄 아이가 정말 엄마를 골탕 먹이려고 그러는 것일까? 물론 그렇지 않다. 남들이 있으면 점잖은 척해야 하는 어른들을 약 올리려고 일부러 못된 짓을 하는 아이는 없다. 집에 찾아온 손님 앞에서 더 말썽을 피우는 아이의 대부분은 자신에게 와야 할 관심이 분산되는 데서 오는 소외감을 느끼고 있을 가능성이 크다.

　손님이 오자 엄마나 아빠의 거울이 갑자기 이상해졌다. 내가 무엇을 하는지 도무지 관심이 없는 것이다. 손님 때문에 정신없이 부산한 거울은 "넌 네 방에 들어가 있어라!" 하거나 "어른들 말씀하시는 데 끼어드는 것 아니야" 하고 냉정하게 말한다. 자신에게 따뜻한 관심을 비춰줬던 거울의 태도가 이렇게 갑자기 돌변하면 아이의 마음은 어떨까? 자신의 존재를 알리기 위해 시위라도 하고 싶지 않을까? "제발 예전처럼 날 좀 봐주세요" 하고 말이다. 아이가 방에 들어가지 않겠다고 떼를 쓰거나 울음을 터뜨리는 것이 바로 이런 시위에 해당한다.

환경 변화에 민감한 아이 : 불안감을 기억하자

아이들은 걷기 시작하는 나이가 되면 자신의 몸을 통제하고 싶어 한다. 서너 살 된 남자아이의 경우를 생각해보자. 엄마의 손을 잡고 얌전하게 걸어주길 바라는 부모 마음과 달리 아이는 자꾸만 손을 뿌리친다. 하지만 이것은 반항이 아니라 자신의 몸을 통제하려는 것이다.

그다음에는 주위의 환경도 통제하려고 하는데, 이때부터 부모의 오해가 시작된다. 아이들은 유독 부모가 만지지 말라는 휴대전화와 TV 리모컨을 손에서 놓지 않는다. 괜히 망가질까 싶어 부모의 걱정은 이만저만이 아니다. 장난감 휴대전화를 줘보지만 아이는 귀신같이 진짜와 가짜를 구별한다.

왜 아이들은 이렇게 휴대전화와 리모컨에 집착하는 걸까? 그 이유는 사실 부모에게 있다. 틈만 나면 휴대전화와 리모컨을 끼고 사는 부모를 보아온 아이들은 거울이 비춰준 것을 기억하고 그것에 맞춰 자기도 그 환경을 통제하려고 한다. 아마도 부모가 장난감 휴대전화를 가지고 며칠만 전화하는 척을 하면 아이의 관심과 통제 욕구도 진짜 휴대전화에서 장난감 휴대전화로 옮겨 갈 것이다.

정해진 일과는 아이에게 통제감을 준다. 아침에 일어나 유치원에 갔다가 오후에는 엄마와 소꿉장난을 하고, 저녁에는 형이랑 자전거를 탄다. 다음에 어떤 일이 일어날 것이라는 예측이 가능하기 때문에 아이는 환경을 통제하는 느낌을 갖게 된다. 여행을 가면 아이가 더 말썽을 피우고 떼를 쓰는 이유는, 바로 낯선 환경과 예측 불가능한 일정 때문이다. 새로운 환경 속에서 어른들이 가지는 경이로움과 흥분이 아이들에게는 두려움과 불안이 될 수도 있는 것이다.

이처럼 자기 주변의 환경을 통제함으로써 안전감을 찾는 아이들에게는 집에 손님이 방문한다는 것 자체가 평온한 일과를 깨는 불안한 사건이다. 그러므로 부모와 손님 모두 아이에게 주목하고 소외감을 느끼지 않도록 배려하는 것이 중요하다. 손님이 오면 아이는 벌써 알 수 없는, 스스로는 통제할 수 없는 불안을 느끼고 있음을 기억하자. 아이의 불안을 다루기 위해 부모가 맨 처음 할 일은, 아이에게 손님을 소개하고 이후 일정을 알려주는 것이다.

"미영아, 이분은 엄마 고등학교 때 제일 친했던 친구야. 오늘 우리 집에서 점심 드시고 오후까지 놀다가 가실 거야."

그러고 나서는 아이의 가슴을 비추는 거울의 지혜가 필요하다. 아이에게도 자신을 소개하도록 시간을 주면서, 아이가 가질 일정에 대해 가슴높이를 맞추자.

"오늘 오후에는 우리 미영이가 뭘 하면 좋을까? 엄마랑 책 읽기를 못 해서 기분이 안 좋지? 미안해서 어쩌나? 대신 오늘은 미영이가 혼자서도 잘하는 그림 그리기를 해보면 어떨까? 네 방에서 혼자 하면 좀 심심하고 따분하려나? 그럼 엄마랑 손님은 여기 부엌에 있을 테니 너는 저기 거실에서 그릴래? 엄마가 스케치북 가지고 올게."

아이는 갑자기 변한 환경 때문에 불안하지만 부모가 자신의 가슴을 따뜻하게 비춰준다는 걸 알게 되면 충격이 한결 가벼워진다.

다른 사람의 집에 방문했을 때도 마찬가지다. 아이는 낯선 환경에 적응하는 데 시간이 걸릴 수 있다. 당신은 어린아이가 친척 집을 방문했을 때 처음 얼마 동안 매우 얌전을 빼는 경우를 자주 보았을 것이다. 아이는 사실 갑자기 닥친 새로운 환경에서의 불안을 견디는 중이다. 그러므로 환경에 익숙한 집 주인을 잘 알고 있거나 또래 친구가 있으면 문제가 수월해진다. 그들이 반갑게 비춰주는 거울 덕분에 보다 신속히 불안을 다룰 수 있기 때문이다.

적응했던 환경을 갑자기 떠나야 할 때도 문제는 발생할 수 있다. 어린아이는 집으로 돌아갈 시간이 되면 조금 더 놀겠다고 떼를 쓰며 버틴다. 그때마다 부모는 "다시는 이모네 집에 안 올 거야!" 하고 엄포를 놓지만 매번 전쟁은 반복된다. 이때도 급변하는 환경에 대한 거울부모의 지혜로운 대처가 필요하다. 갑자기 어른들의 스케줄에 따라 장소를 이동하는 것이 아이를 불안하게 만드는 원인이기 때문이다. 아이도 변화를 준비할 시간이 필요하니, 환경이 바뀌기 최소 30분 전에는 아이에게 미리 알려주자. 이제야 적응하고 신나게 놀기 시작했는데 다시 환경 변화를 겪어야 한다면 아이의 마음도 힘들 것이다. 그 아쉬움이 얼마나 클지 가슴높이를 잘 맞추면서 말이다.

"미영이가 이제 재미있게 잘 노네. 그런데 너무 늦어서 이제 가야 하거든. 더 놀고 싶겠지만 앞으로 30분만 더 놀고 가자!"

지금까지 갑자기 아이들이 노는 방에 들이닥쳐서 이제 갈 시간이라고 일방적으로 통보하는 거울이었다면, 이제 가슴높이를 맞추는 거울이 되어보자. 변화된 거울에 알맞게 달라진 아이의 반응을 발견할 수 있을 것이다. 이때 주의할 점은 30분이라고 이미 얘기를 했지만, 중간에 몇 번 더 들어가서 아이의 섭섭한 마음을 비춰주고 시간을 재차 알려주는 것이다. 변화할 환경을 친절하게 비춰주는 거울이 있을 때, 아이는 환경 변화에 자신을 편안히 조정해갈 수 있다.

안 잔다고 떼쓰는 아이 : 소외감에 주목하자

아이를 둔 부모라면 누구나 한 번쯤 안 자려고 떼쓰는 어린아이 때문에 골치 아팠던 기억이 있을 것이다. 7080세대 부모들은 어린 시절 자신은 밤 9시가 되면, TV에서 "어린이는 잠자리에 들 시간입니다"라고 친절하게 안내해주는 문구에 따라 아무 말 없이 잠자리에 들었다고 기억한다. 게다가 아이들은 밤에 성장호르몬이 분비된다고 하니 부모의 걱정은 이만저만이 아니다.

자정이 다 되어서까지 부모 옆에서 눈을 말똥말똥 뜨고 TV를 보는 아이를 재우려면 한바탕 큰 소동을 겪는다. 울며 떼쓰는 아이를 억지로 방에 밀어 넣고 불을 꺼보지만 얌전히 잠자리에 들 리 없다. 무서우니 문을 열어달라고 조른다. 몇 번씩 나와서 화장실에 갔다가, 물 먹는다고 부엌에 가는 등 여간해서는 잘 태세가 아니다. 결국 엄마 아빠가 소리를 지르고 야단을 쳐야 울면서 이불 속으로 들어가고, 방 안에서 공부인지 게임인지 하던 형도 밖으로 나와서 조용히 좀 하라고 소리를 지르는 등의 소동이 끝난 뒤에야 막내의 잠자리는 시작된다.

이렇게 어린아이가 집 안에서 떼를 쓸 경우, 부모가 제일 먼저 살펴봐야 할 것이 있다. 아이가 무시되고 소외받는 느낌을 가진 나머지 '잘못된 주목'을 추구하고 있는 것은 아닌지 살펴보자. 부모와 다른 가족들의 거울이 잘못된 조명을 계속해서 비추고 있다면, 아이는 떼를 써야 주목받는다고 스스로 학습하고 있는지도 모른다.

다른 식구들은 모두 깨어 있는데 혼자 잠자리에 들라고 하면 어린아이는 어떤 생각을 할까? 생각하기에 앞서 가슴에서 느낌이 먼저 생겨날 것이다. '억울하게 왜 나만 자야 하지?' 하고 말이다. 자신에게는 가서 자라고 말하면서도 식구들은 다 자기 할 일에 바쁘다. 엄마는 부엌에서, 아빠는 TV 앞에서, 형은 자기 방에서 뭔가에 정신이 팔려 있다. 잠자리에 들 자신을 비춰줄 거울은 어디에도 없다. 이때 아이는 주목받으려는 욕구를 가지기 마련이다. 그리고 이전의 경험을 통해, 잠자지 않으려고 하면 모든 식구의 주목을 받게 된다는 걸 기억하고 있다.

자, 이제 거울부모는 어떻게 해야 할까? 먼저 아이의 가슴에 부모의 가슴을 맞춰보자. 무엇보다 아이의 '소외감'을 어떻게 다룰지가 우선되어야 하니, 아이의 느낌을 거울에 비추어 표현해보는 것이다.

"엄마가 보기에는 지금 자라고 하면 지영이 혼자만 방으로 내쫓는 것처럼 느낄 것 같은데, 어떠니?"

거울이 자신의 감정을 비춰주는 데서 힘을 얻는 아이는 좀 더 구체적으로 자신을 돌봐주는 거울을 원한다.

"아빠가 텔레비전 그만 보고 지영이가 외롭거나 무섭지 않도록 도와줘야 할 것 같은데, 어때?"

다른 식구들과 일체감을 느끼고 싶어 하는 아이의 느낌을 인식하고 그것에 공감해줬다면, 그다음에는 실제로 일체감을 느낄 수 있도록 돌봐줘야 한다. 어떠한 방법이 있을까?

뭐니 뭐니 해도 아이는 부모와 하는 놀이를 가장 좋아한다. 어떤 놀이를 할까? 어떤 놀이라도 상관없다. 함께 규칙을 만들어가면서 아이에게 주도권을 주는 것이 중요하다. 더불어 놀이 중에 공감과 일체감을 가질 수 있으면 그만이다.

'베개 선물' 놀이는 어떨까? 아침에 일어난 아이가 발견할 수 있도록 베개 밑에 선물을 적은 쪽지를 넣어두는 것이다. 선물에 대한 기대감은 아이가 빨리 잠을 청하도록 동기를 부여할 수 있다. 선물은 점심에 맛있는 음식 해주기, 꼭 안아주기, 업어주기 등 소소하지만 의미를 부여할 수 있는 것이면 족하다.

선물이 식상한 아이에게는 잠들 때까지 부모와 함께한다는 느낌을 가질 수 있도록 연속동작으로 놀이를 만들면 어떨까? 내일 가장 하고 싶은 것, 가장 먹고 싶은 음식 등을 생각하면서 자게 하거나, 혹은 머리맡에서 좋아하는 책을 읽어주거나 기도를 해주면서 눈을 감고 자도록 한다. 그리고 다음과 같이 약속하라.

"엄마가 네가 잠들 때까지 2~3분 정도 옆에서 보고 있을게. 그리고 방을 나갔다가 10분 정도 지난 다음에 다시 들어와서 이불도 잘 덮어주고, 뽀뽀도 해줄게."

아이는 혹시 그때까지 자기가 잠을 못 자면 어떻게 하냐고 물을 것이다. 그러면 어떻게 할지는 그때 가서 고민하면 되니 편안하게 자라고만 하면 된다. 이때 중요한 것은 반드시 10분 정도 후에 돌아와서 잠자리를 다시 확인하고, 사랑의 뽀뽀도 해주며 아이와 한 약속을 지키는 것이다. 이 놀이는 아이가 잘 때까지 반복되는데, 내가 수많은 부모와 함께 실천해본 결과 대부분의 아이는 편히 잠들었다.

왜일까? 이 놀이는 아이가 눈을 감고 부모와 하는 거울놀이다. 여느 거울놀이처럼 아이는 눈을 감고 자는 중에도 엄마 거울이 자신을 사랑스럽게 비추고 있다는 느낌을 내내 가지게 되기 때문에 맘 편히 잠자리에 들 수 있는 것이다.

혼자 자기 싫어하는 아이 : 두려움에 공감하자

아이가 악몽을 꾸거나 처음 부모와 떨어질 때는 거울부모의 특별한 지혜가 필요하다. 여기에서 중요한 것은 부모의 첫 반응이다. "뭐가 무서워? 다 큰 애가!" 또는 "너 괜히 혼자 자기 싫으니까 그러는 거지?" 하고 아이의 가슴에 찬물을 끼얹는 반응은 금물이다. 부모가 옥박질러서 잠시 동안은 아이의 감정이 통제되는 것 같지만 결국 한밤중에 아이가 부모의 침실로 잠입하는 경우가 대부분이고, 이렇게 해결된 경험을 학습하고 나면 반복하게 되기 때문이다.

아이가 혼자 잠자는 것을 두려워하거나 불안해한다면, 부모는 다음과 같이 그 감정을 있는 그대로 비춰주는 거울의 역할을 해야 한다.

"무서운 꿈을 꿔서 혼자 자기 싫고 겁나는 모양이구나."

두 번째로 해야 할 일은 두려움과 외로움을 혼자 다루어보라며 아이를 설득하기보다는 동반자를 소개해주는 것이다. 아이가 가장 좋아하는 인형이나 장난감 등이 그 동반자로 적합한데, 부모와 함께 그 대상에 의미를 부여하는 것이 중요하다. 또는 인형을 꼭 껴 안고 같이 주문을 외우는 것도 좋다.

"수리수리 마수리, 무서움이 없어졌다. 얏!"

인형과 재미있게 함께 놀았던 기억을 떠올리는 것도 도움이 된 다. 부모와 인형 이야기를 나누는 동안 아이는 자신이 혼자가 아 니라는 느낌을 받게 된다. 마침내 부모가 방을 떠난 뒤에도 아이 가 꼭 안고 자는 인형은 부모 대신 꿈속에서 아이를 따뜻하게 비 추는 거울 역할을 할 것이다. 이것이 가정에서 하는 거울놀이의 전형이다.

막무가내로 떼쓰는 아이는 모든 부모의 통제 대상이다. 그러나 부모로서 우리가 명심할 것은 떼쓰는 아이는 자신의 방식으로 시 위하고 있다는 점이다. 그러므로 부모는 아이가 느끼는 소외된 감정을 비춰주는 거울이 되어야 한다. 아이는 이러한 거울부모와 했던 거울놀이를 눈 감고도, 인형을 통해서도 할 수 있는 동화적 상상력을 지닌 존재다. 이 점을 기억하고 아이에게 절실한 주목과 인정, 지속적인 조명을 비춰주자. 그러면 아이는 부모에게 사랑과 돌봄을 받는 존재로 자신의 모습을 무궁무진하게 그려나갈 것이다.

아이의 '시위' 행동 생각해보기

아이는 가장 안전한 장소인 집에서조차 낯선 사람이 찾아오거
나 혼자 자야 하는 등의 변화에 부딪히면 불안과 소외감을 느낀다.
이러한 느낌 때문에 아이는 평소와 다른 행동을 하곤 한다. 아이는
무작정 엄마 말을 안 듣는 것이 아니다. 이는 엄마의 공감을 얻기
위한 일종의 '시위' 행동이다.

이때 아이가 엄마 말을 안 듣는다고 속상해하지만 말고, 아이가
왜 그러는지 아이의 숨겨진 감정을 좀 더 민감하게 느껴보자. 그러
고 나서 아이가 친근히 여기는 장난감이나 놀이를 통해 아이가 여
러 가지 변화에 적응하도록 지혜를 발휘해보자.

가정에서 당신의 아이가 벌이는 '시위'에는 어떤 것들이 있는

가? 예를 들어 아이가 유치원 가기 전에 밥을 안 먹겠다고 떼쓰는 것도 시위 행동으로 볼 수 있을까? 아이의 시위 행동의 특징은 다음과 같다.

첫째, 겉으로 보기에 아이의 문제행동(시위)은 지금 당장 부모의 통제가 필요해 보인다. 둘째, 부모가 통제를 한다 해도, 아이의 문제행동(시위)은 주기적으로 지속된다.

아이가 위와 같은 문제행동을 자주 보인다면, 무엇이 아이로 하여금 그런 시위를 하게 했는지 생각해보자. 아이의 시위는 부모의 절대적인 관심과 주목을 요구하는 것이므로, 이를 무조건 진압하려고만 해서는 안 된다. 시위대를 강제로 해산시키려 하거나 이성적으로 설득하려던 시도가 결국은 실패하고 만 사례가 종종 보도된다.

아이들의 시위를 푸는 열쇠는 그들의 가슴을 어루만지는 것에 있다는 사실을 기억하자. 그동안 거울부모로서 아이가 느끼는 감정을 제대로 비춰주었는지 스스로를 돌아보고, 어린아이가 시위 행동을 하는 주된 원인은 가정 내에서 자신만이 느끼는 소외감, 두려움, 어른들에게 무시당하는 듯한 느낌 등임을 놓치지 말자.

2부

아이는
부모가
공감한 만큼
변한다

06

아이의 문제행동은
부모에게 보내는 신호

가정이 위기 상황에 있을 때
아이들의 숨겨진 가슴을 헤아려보자.
아무렇지 않아 보여도 마음속으로
불안해하며 울고 있을지 모른다.

세면대나 싱크대 밑에 보면 U자관이 있다. 그냥 직선으로 만들면 간편할 것을 왜 구부려놓았을까? 파이프를 소비하면서까지 관을 구부려놓은 데는 이유가 있다. 구부러진 곳에 배수의 일부를 고이게 함으로써 유해가스가 역류하는 것을 예방하는 것이다. 겉보기에는 비정상적인 형태지만 세면대나 싱크대를 사용하는 모든 이들의 안전을 위해 중요한 기능을 담당하고 있는 것이 U자관이다.

　이러한 비유는 가족치료나 상담에서 종종 사용된다. 가정 내에서 문제아이의 비정상적인 행동을 탐색해보니, 나머지 모든 가족 구성원이나 가족 체계의 안전을 위해 묘한 순기능(?)을 담당하더라는 것이다. 이것이 도대체 무슨 말일까?

아이가 모르는 부부 갈등이란 없다

　가정의 해체를 가지고 올 만한 부모의 갈등이나 위기가 초래되면 맨 먼저 희생되는 것은 아이다. 이때 아이가 보는 부모의 거울은 이미 금이 가 있거나 깨져 있기 때문에, 아이는 그것을 통해 불안한 자신의 모습을 인식하게 된다. 이 때문에 아이가 비뚤어진 길로 빠지는 것처럼 보이기 쉬운데, 사실 이러한 아이의 가슴 한구석에는 부모의 깨진 거울에 비친 자신의 모습을 두려워하고 거울을 다시 정상으로 되돌리고 싶어 하는 마음이 크게 자리하고 있다. 이러한 예는 우리 주위에서 쉽게 찾아볼 수 있다.

　한 부모가 열 살짜리 남자아이와 함께 가족 상담을 하러 나를 찾아왔다. 아이의 학교 부적응 문제로 골머리를 앓다가 찾아온 것이다. 아이의 일탈행동을 살펴보던 나는 부모가 한집에 살지만 각방을 쓸 정도로 사이가 좋지 않다는 사실을 알게 되었다. 아들이 부모의 갈등을 인식하고 있었음은 말할 나위도 없었다. 실은 생각 이상으로 걱정하며 혹시나 부모님이 이혼이라도 하지 않을까 노심초사하고 있었다.

　그러던 중 아들은 묘한 기운을 감지했다. 자신이 학교에서 문제를 일으키자, 평소에는 눈길도 나누지 않던 부모가 매우 진지하게 대화를 시작한 것이다. 이 경험은 무의식적으로 아들의 일탈행동에 방향키 역할을 했다. 자신이 학교에서 부적응 행동을 하면 부모가 함께 고민하고 학교에 찾아가기까지 하니, 일탈행동이 부모의 관계를 연결해 가정을 지키는 기능을 한다고 여기게 된 것이다.

이 가족의 경우, 부부 관계가 개선되지 않으면 아이의 문제행동은 결코 없어지지 않고 가정의 어색한 평화를 위해 유지된다. 마치 U자관처럼 겉보기에는 비정상적인 '문제'로 보이는 것이 내면적으로는 전체를 위해 희생적인 '기능'을 수행하는 것이다. 그래서 가족치료사들은 이러한 문제 기능을 하는 가족 구성원을 '희생양 scapegoat'이라고 부르기까지 한다.

아주 어린아이도 예외는 아니다. 어느 젊은 부부가 세 살 된 아들이 말을 전혀 하지 못한다고 상담을 신청한 적이 있다. 돌이 지났을 무렵에는 한참 말을 익히는가 싶더니 갑자기 실어증에 걸린 것처럼 입을 다물어버렸다는 것이다. 1년 가까이 언어치료를 받았지만 아무 소용이 없다고 했다.

이 부부는 각자 전문 분야에서 활동하는 고학력자였는데, 아들 문제로 상담하던 중 1년 전부터 부부 사이에 심한 갈등이 있었음이 드러났다. 부부는 자신들의 문제가 아들에게 영향을 미칠까봐 매우 조심했다고 전했다. 또 두 사람의 문제가 더 심각해져서 이혼을 하더라도 아이의 정신건강을 최우선으로 배려하겠다는 의지를 보였다. 나는 그들의 수고와 노력을 높게 평가하며 이런 말을 해주었다.

"아이는 가정의 모든 문제를 흡수하는 '스펀지'와도 같습니다."

스펀지에는 흡입력, 즉 먼지나 물기를 아주 쉽게 빨아들인다는 특성이 있다. 부부가 아무리 겉으로 아무렇지 않은 척해도 스펀지에는 이상기류가 전해진다.

부부의 갈등과 스트레스는 그대로 아들에게로 흡입되어 실어증으로 나타났던 것이다. 그러나 더 큰 문제는 아들이 자신의 실어증 때문에 부모가 함께 논의하고 친밀해지는 것을 감지한 것이다. 이미 엄청난 스트레스를 머금은 세 살배기 아들은 말을 하지 않는 행동이 자신의 부모와 가정을 지켜주는 행동이라고 잘못 학습할 수 있기 때문이다.

스펀지의 특성은 먹물을 흡수해도 마르고 나면 멀쩡해 보인다는 것이다. 그런데 아이의 스펀지 같은 특성을 고려하지 않고 부모들이 무심코 내뱉는 말들이 있다.

"아이들은 어려서 몰라요. 우리가 얼마나 고생하는지."

"어린 애가 부모의 스트레스를 알 턱이 없지요."

"너희 때문에 살았지, 아니면 벌써 헤어졌을 거다."

"네가 대학만 가면 네 아빠랑 이혼할 거다."

아이가 전혀 모르는 부부 갈등과 싸움이란 있을 수 없다. 아이는 다만 모른 척할 뿐이다. 부모에게서 받은 아이의 스트레스는 어른과 다른 방식으로 표출되거나 안으로 축적된다. 많은 부모가 아이가 사춘기를 넘길 때까지 자신들의 문제를 드러내지 않고 숨기려고 한다.

그리고 아이가 대학에 들어갈 나이가 되면 자신들의 문제를 아이가 이해해주리라고 기대한다. 하지만 이것 또한 착각이다. 몇 살때 부모가 이혼하는지는 아이에게 사실 그리 중요하지 않다. 이미 오래전에 스펀지는 씻어낼 수 없는 불안과 두려움을 흡수했기 때문이다.

먹물을 흡수한 적이 있는 스펀지를 상상해보라. 이제 햇볕에 바짝 말라서 먹물은 그저 무늬처럼 남아 있다. 겉으로는 아무런 문제가 없어 보인다. 그러나 문제는 습기가 있는 곳이나 물가에 갈 때 발생한다. 부모 사이의 갈등으로 스트레스를 겪었던 아이들의 대부분은 겉으로는 괜찮아 보이다가, 정작 자신이 이성 교제를 하고 결혼할 나이가 되면 큰 어려움을 겪는다.

어쩌면 부모의 문제를 가장 빠르게, 그리고 가장 깊숙이 경험하고 있는 것은 아이들일지 모른다. 문제는 그런 아이의 가슴에 아무도 관심을 가지지 않는다는 것이다. U자관과 스펀지의 특성을 통해 아이가 가정 내에서 희생양이 되기 쉬운 과정을 꼭 기억하길 바란다. U자관처럼 구부러진 밑바닥에는 말 못 할 아이의 두려움이 잔뜩 고여 있고, 바짝 마른 스펀지 안에는 언젠가 번져 나올지 모르는 진한 불안이 숨겨져 있다.

가정의 위기 속에 투명인간이 된 아이들

상담을 하러 온 부부들은 종종 지난 밤 자신들이 치른 전쟁에 대해 침을 튀기며 보고하곤 한다. 숙련된 상담사는 이들을 진정시키기 위해 눈을 감게 한 뒤 어제의 전투 속으로 인도한다. 눈을 감은 채 자신의 주장보다는 자신의 태도에 반응하는 상대방을 바라보게 하는 것이다. 이때 상담사는 부부에게 질문 하나를 던진다.

"두 분이 심하게 다툴 때 아이는 어디에 있었지요?"

부부는 아이에 대한 갑작스러운 질문에 의아해하면서 답한다.

"몰라요. 아니, 아마 자기 방에 있었겠죠. 그게 뭐 중요한가요?"

가정의 위기 속에서 아이는 투명인간으로 변한다. 이때 아이의 가슴은 그대로 공중분해되어 사라져버린다. 상담사는 이들 부부에게 한 가지 제안을 한다. 부부싸움이 진행되는 동안 집에 있는 캠코더를 가지고 집 안 구석구석을 촬영하는 상상을 해보라고. 요즘에는 각자의 스마트폰으로 동영상을 찍으라고 해도 무방하리라. 그제야 부부는 아이가 자신의 방에서 떨면서 울고 있는 모습을 발견하게 된다. 줌 기능을 사용해 아이의 얼굴을 살피고, 볼륨을 높여 심장박동 소리도 듣는다.

이렇게 아이의 가슴을 발견하는 일이 왜 필요할까? 극단적인 선택을 피하고, 이혼을 미루면서 억지로 결혼생활을 이어가기 위해

서인가? 그렇지 않다. 이미 부부가 서로 미워하고 감정적인 이혼을
한 상태임에도 아이를 위한다는 목적으로 법적인 관계만 유지하
는 것은 오히려 스펀지 같은 아이의 가슴을 무시하는 처사다. 가정
내에서 투명인간이 되어버린 아이를 찾아내고, 그의 가슴에 초점
을 맞추는 일은 혼인에 대한 부부의 법적 상태와는 무관하다.

　미국에서 상담사로 일할 때 '건설적인 이혼'이란 말에 충격을 받
은 적이 있다. 이혼이면 '건설'이 아니라 가정의 '해체'가 아닌가?
하지만 미국에서 이미 이혼한 부부를 여러 차례 상담하면서, 나는
부부가 이혼했다고 꼭 원수가 되란 법은 없다는 것을 새삼스레 깨
닫게 되었다. 특히 아이를 둔 상태에서 이혼한 부부는 원수가 아
니라 친구, 혹은 아이의 공동양육자로 다시 시작해야 한다. 법적인
이혼 상태가 되었다고 해서 평생토록 깨진 거울로 아이를 비출 수
는 없지 않은가?

　그래서 그들은 이혼한 뒤에도 친근한 관계를 유지하고, 상담을
통해 아이를 정서적으로 건강하게 키우기 위해 공동의 노력을 기
울인다. 이혼 가정의 아이들이 누구보다 힘든 과정을 겪는다는 것
은 사실이지만, 그들 모두가 잘못된 길을 걷지는 않는다는 것 또한
사실이다. 이혼을 통해 아이에게 무조건 깨진 거울이 제공되는 것
은 아니기 때문이다.

　한편 이혼 가정의 아이들이 부모님이 자신 때문에 이혼했다고
오해하는 경우도 종종 본다. 부모가 갈등을 가지고 있을 때부터 의

식 혹은 무의식적으로 U자관의 역할을 한 경우에는 더 충격이 크다. 자신의 노력에도 불구하고 부모가 이혼을 한 셈이니 말이다. 이럴 때일수록 아이의 아픔을 공감하고 그들의 가슴을 비춰줄 거울이 필요하다.

부모가 이혼한 즉시 다섯 살 된 자신을 시골 외갓집에 보냈다는 40대 중반의 남성을 상담한 적이 있다. 그는 당시 아버지에게서 들었던 한마디를 아직도 또렷하게 기억하고 있었다.

"아무 일도 아니니 넌 그냥 시골집에 가서 실컷 놀면 돼!"

이 남성은 이미 부모에게 무슨 일이 일어났는지 직감적으로 알고 있었지만 당시 아버지 말씀대로 아무 생각 없이 놀았던 것 같다고 말했다. 아마도 그때 어른들은 그 다섯 살짜리 꼬마가 아무렇지도 않게 노는 것을 다행스럽게 여겼을 것이다. 아이가 가슴 깊숙한 곳에 묻어둔 아픔에 대해서는 아무도 관심을 가지지 않은 채 말이다.

놀랍게도 그는 아직까지도 가장 가슴 아픈 것은 부모가 이혼했다는 사실이 아니라 부모에게서 처음 버림받았을 때의 아픔을 어느 누구하고도 나누지 못한 외로움이라고 말했다. 부모가 이혼했더라도 그에게는 자신의 가슴을 비춰줄 수 있는 거울이 절실하게 필요했던 것이다. 그러나 부모는 아들의 상처 입은 가슴을 비출 필요를 느끼지 못했다. 이것이 가정의 위기 중에 투명인간으로 변하고 마는 아이의 비애다. 그러니 보이지도 않는 투명인간의 가슴을 찾아 헤아리는 일은 더욱 힘들 수밖에 없다.

낯선 환경에 민감한 아이를 위한 놀이

노는 것은 아이의 특권이다. 노는 방식은 자라면서 조금씩 변해 간다. 엄마 아빠와 놀던 아이가 친구와 놀고, 딸랑이를 가지고 놀 던 아이가 스마트폰을 가지고 논다. 그러다가 어느 순간 놀이가 공 부의 반대말이 되면서, 아이는 어른으로부터 놀이를 통제받기 시 작한다.

어른들은 놀이가 줄어야 상대적으로 공부를 많이 하게 된다고 생각한다. 놀이는 생각 없이 하는 행위이고 공부는 진지한 사고를 전제로 하는 행위라고 보기 때문인데, 이러한 대조는 어른과 아이 사이의 가슴을 더욱 멀어지게 할 뿐이다. 중요한 것은, 놀이에 대 한 기본적인 이해를 전환하는 일이다. 아이의 가슴높이에서 조명 하는, 놀이에 대한 새로운 이해가 필요한 것이다.

장인어른의 장례 중에 있었던 일이다. 장례는 처가에서 치르게 되었는데, 장인어른은 생전에 사회 다방면에서 활동했기에 문상객 들이 초만원을 이루었다. 당시 처가에는 나이 어린 조카들이 다섯

명 있었다. 제일 큰 아이가 열 살이었고, 가장 어린아이가 네 살이었다. 장례 기간 중 아이들을 어떻게 해야 하나 고민하다가 할 수 없이 방 하나에 몰아넣고 놀게 했는데 다행히 저희끼리 잘 노는 듯했다.

그런데 모두가 정신없이 조문객들을 맞이하고 대접하는 도중에 예기치 않은 일들이 발생했다. 가장 어린 조카가 갑자기 식칼을 들고 사람들 사이를 헤집고 다니는 것이 아닌가. 눈 깜짝할 사이에 벌어진 일이라 모두가 당황할 수밖에 없었다. 아이 아빠가 조심스럽게 달래서 식칼을 뺏고 아이를 방으로 밀어 넣었다. 하지만 조용한 것도 잠시, 이번엔 문상객과 맞절을 하는 사이에 다섯 살짜리 조카가 끼어들더니 특유의 미소를 지으며 노래를 시작했다.

"즐겁게 춤을 추다가, 그대로 멈춰라!"

이 무슨 날벼락이란 말인가? 부모들을 당황하게 하려고 작당이라도 한 것일까?

그런 놀이는 위기를 극복하는 아이들 나름의 방식이었다. 그러나 평소와는 매우 다른 어둡고 낯선 환경에 처한 아이들이 가슴속에 스며드는 불안감을 떨치기 위해 놀이를 시작했다는 것을 어른들은 감지하지 못했다. 아이들은 어른들이 자신들에게 조명을 비춰주지 않자 평소에는 하지 않는 극단적인 놀이까지 감행한 것이다.

그날 아이들 소동의 하이라이트는 기차놀이였다. 다섯 명의 조카가 총출동해 줄지어 기차놀이를 하면서 조문객 사이를 누비고 다녔다. 더 큰 문제는 아이들이 외치는 구호였는데, 남녀의 생식기를 나타내는 단어나 똥꼬, 방귀 같은 듣기 민망한 단어들이 연이어 등장했다. 어른들의 신경은 극도로 날카로워졌다. 어떻게든지 아이들을 통제해보라는 책무가 내게 부과되었다.

아이들을 통제하려면 무엇을 해야 할까? 앞에서 나는 통제란 '어른이 간절히 바라는 바를 아이의 마음과는 상관없이 관철하려는 시도'일 뿐이라고 했다. 그 당시 어른들이 원했던 통제는 아이들에게 놀이를 중단시키는 것이었지만, 그것은 아이들의 가슴높이를 철저히 무시하는 행동이었다. 나는 어른들이 불안과 위기를 느낄 때는 아이들 역시 같은 감정을 느끼므로 예전보다 훨씬 더 특별한 주목과 돌봄이 필요하다는 점을 떠올리며 아이들에게 다가갔다.

일단 조카들을 모두 한 방으로 몰고 갔다. 목표는 오로지 하나, 놀이는 계속하게 하되 아이들 스스로가 관심과 주목을 받고 있다는 것을 인식시키는 것이었다. 나는 먼저 그들의 놀이를 있는 그대로 인정했다. 아이들이 사용하는 구호가 불경스러운 언어라고 당장 금지하는 것보다 더 중요한 것은, 주목받기 원하는 그들의 가슴을 헤아리는 것이었기 때문이다. 그때 아이들에게 가장 필요한 것은 자신들을 향한 밝은 조명이었다.

"이모부 생각에는 너희 놀이가 무지하게 재미있다! 그런데 더 재미있는 게 있어. 너희가 하는 구호를 우리만 아는 암호로 바꾸는 거야. 과일 암호로 말이야! 고추는 바나나로, 똥꼬는 건포도로. 어때? 재미있겠지?"

　나의 반응이 다른 어른들의 거울이 보여준 과잉반응과는 다르다는 것을 인식한 아이들은 더 이상 극단적인 행동을 하지 않았고, 내 예상대로 새로운 놀이에 신나게 빠져들었다. 조카들과 나는 목이 터져라 과일 구호를 외치면서 방 안에서 기차놀이를 했다. 밖에서 소리를 듣던 어른들은 조카들보다 더 놀이에 빠진 나의 행동에 할 말을 잃었지만, 그 기차놀이 이후로 아이들은 안정을 찾았고 장례가 끝날 때까지 더 이상의 깜짝쇼를 보여주지 않았다.

　가정이 위기 상황에 있을 때 아이들의 숨겨진 가슴을 헤아리려면 준비운동이 필요하다. 멀쩡해 보이는 투명인간 아이들을 찾아내는 것이 가장 중요한 예비단계다. 놀고 있어서 멀쩡해 보이고 철없어 보일지 몰라도, 그들은 마음속으로 불안해하며 울고 있을지도 모른다. 어른들이 갈등, 이혼, 죽음 등을 경험할 때면 아이들도 어른과 똑같은 스트레스와 긴장, 두려움과 상실감을 경험한다는 것을 잊지 말자.

　지금 당신의 아이를 찾아보라. 당신의 집에서 투명인간처럼 살고 있지는 않은지, 아이의 가슴을 지금 느껴보라. 당신이 느낀 아픔과 스트레스가 어느새 아이에게도 스며들어 있을지 모른다. 하지만 지나간 과거는 접어두자. 지금도 아이는 당신과 함께 느끼기를 원한다. 사실 아이는 애초부터 당신과 가슴높이를 맞추며 함께 놀기를 소망했다. 자, 이제 아이와 가슴높이를 맞추면서 놀 준비가 되었는가?

문제행동의 '숨은 이유' 찾기

아이의 바람직하지 못한 행동은 사실 당신과 배우자의 갈등에서 비롯된 것일 수도 있다. 만약 그렇다면 당신의 가정은 아이의 희생을 통해 유지되고 있는지도 모른다. 거울부모는 가족의 크고 작은 갈등 속에서 보이지 않지만 손쉽게 희생될 수 있는 아이의 속마음을 찾아내고 헤아릴 수 있다. 이를 위해서는 가정에서 투명인간처럼 취급당하는 아이를 끌어내어 그의 숨겨진 가슴을 들여다보고, 함께 느낄 수 있어야 한다.

아이의 문제행동에는 가정 전체를 위한 기능이 있을 수 있지만 문제행동을 지적하고 단정적으로 이야기하는 순간, 아이의 내면 감정은 알 길이 없다. 아이가 가진 문제행동을 생각해보고 세 가지만 적어보자.

예) 우리 딸은 공부는 안 하고 나쁜 친구와 사귄다. 우리 아들은 화를
참지 못한다. 우리 아이가 요즘 못된 욕을 한다.

이제 앞에서 적은 세 가지 행동을 고쳐 써보자. 단정적으로 쓰인
글을 '~을 보이고 있다(show)'로 고쳐보는 것이다.

예) 우리 딸은 공부는 안 하고 나쁜 친구와의 사귐을 보이고 있다. 우리
아들은 화를 참지 못함을 보이고 있다. 우리 아이가 요즘 욕설을 보
이고 있다.

아이의 문제는 평생 지속되는 것이 아니라 잠시 밖으로 드러나
는 것일 뿐이다. 문제가 되는 행위를 보이는 데는 분명히 이유가
있다. 자, 이제는 아이가 그러한 행동을 보이면서 그 행동이 부모
나 가족 전체에 어떠한 기능을 담당하고 있는지 살펴봐야 하는데,
여기에는 몇 가지 단계가 있다. 첫 번째는 아이의 그런 행동이 언
제부터 시작되었는지, 또 그때 가족 전체에 위기 상황이 있었는지
를 생각해보고, 그러한 행동을 할 때마다 부모나 가족이 보였던 반
응은 어떠했는지 떠올려보자. 마지막은 가족들의 그런 반응으로

아이는 어떤 감정을 느꼈을지 짐작해보는 것이다.

예를 들어보자. 고등학생 딸이 안 좋은 친구와 사귀고 있다면 언제부터 그런 행동이 생기게 되었는지 거슬러 생각해본다. 딸아이가 중학교에 입학할 무렵 부모는 이혼을 했고, 엄마는 새로운 남자친구를 만나기 시작했다. 엄마는 빨리 딸아이에게 좋은 양부와 가정을 만들어주고 싶었지만, 딸은 한부모 가정의 아이들과 어울리기 시작했다. 엄마는 그런 친구들과 어울리지 말고 공부에 집중할 것을 주문했지만 딸의 행동은 강화되기만 했다. 왜였을까?

엄마는 아이가 보여준 행동의 배후에 자리 잡은 아버지에 대한 상실감과 인간관계에 대한 불안을 헤아리지 못했기 때문이다. 이혼 직후 재혼하려는 엄마의 행동은 아이를 더 불안하게 했다. 그러던 어느 날 아이는 자신의 행동으로 엄마의 관심을 끌 수 있다고 생각했고, 엄마가 남자친구와 급하게 결혼하는 것을 막을 수 있다고 믿었는지도 모른다.

딸의 불안에는 전혀 공감하지 못한 채, 한부모 가정의 아이들과의 교제를 막는 엄마의 반응은 딸의 행동을 강화하는 기능을 할 뿐이다. 이런 상황에서 엄마가 새로운 가정을 꾸미려고 노력하는 한 아이의 행동은 지속될 것이다.

그렇다면 엄마는 재혼을 포기해야 할까? 그렇지 않다. 딸이 가족관계에 있어서 느끼는 불안과 상실감을 충분히 공감해주는 일이 무엇보다 선행되어야 할 중요한 과정임을 명심하자. 아이가 보이는 문제행동이 가족 전체가 가진 위기를 나름대로 희생적으로 막아내기 위한 기능을 담당하고 있는 것은 아닌지 꼭 살펴보자.

07

아이의 마음속엔
지하실이 있다

지하실에 묻어둔 아이의
숨은 감정을 비추어야 한다.
먼지 낀 거울에 비친 아이의 모습은
부모가 보듬고 공감할 때 사라진다.

어릴 적 나는 아담한 양옥집에서 살았다. 방이 세 개밖에 없어서 나는 여동생에게 방을 내주고 줄곧 외할아버지, 외할머니와 함께 한방에서 지냈다. 초등학교 때부터 나와 같이 지낸 두 분은 내게 늘 좋은 울타리가 되어주셨는데, 특히 외할머니와 함께한 소중한 추억이 많다.

　한번은 할머니와 함께 지하실에 내려갔던 적이 있다. 우리 식구는 아무도 지하실에 내려가지 않았지만, 오직 할머니만은 아무렇지도 않게 그곳을 드나드셨다. 당시 어린 나는 지하실에 대한 묘한 상상을 했던 것 같다. 공동묘지에서 일어난 귀신 이야기를 들으면 그 귀신이 우리 집 지하실에도 있다고 믿었으니 말이다. 나는 할머니 뒤를 그림자처럼 쫓아다니며 지하실을 탐색했다. 지하실에는 보일러실과 창고가 있었고, 못 쓰는 식기나 옷가지까지 널려 있어서 꼭 흉가 같았다. 불을 켜도 어두컴컴한 곳이라 갈 때마다 가슴이 쿵쾅거렸는데, 언제나 나를 가장 놀라게 했던 것은 지하실 한구석에 세워져 있던 음산하고 커다란 거울이었다. 아무리 거울 위치를 미리 추정하고 마음을 굳게 먹어도, 거울에 비친 내 모습을 보면 땅바닥에 주저앉을 만큼 깜짝 놀라곤 했다. 거울 속의 내가 마치 귀신 같았기 때문이다. 나는 그때마다 할머니의 치마폭에 숨어버렸는데, 그런 할머니가 계셨던 덕분에 지하실은 서서히 무서운 장소에서 안전한 장소로 바뀌었다.

아무에게도 말 못 하는 아이의 상처

인간의 마음에도 지하실이 있다. 마음의 지하실 역시 왠지 혼자 내려가기는 두려운 공간이다. 지하실에는 흔히 평소에 쓰지 않는 물건을 쌓아두듯, 마음의 지하실에도 평소에 숨기거나 모른 척했던 감정이 쌓여 있다. 대개의 사람은 어릴 적 부모에게서 들은 말 때문에 자신도 모르는 사이 마음속 지하실에 무엇인가를 감추기 시작한다.

"앞으로 엄마나 아빠가 죽는 일 아니면 울지 마!"

이런 이야기를 들은 아이는 가슴 가장 밑바닥에 있는 지하실에 자신의 솔직한 감정을 감추기 시작한다. 외로워도 슬퍼도 울지 않아야 한다는 생각에, 엉엉 울고 싶은 순간에도 아이의 슬픔은 지하실에 차곡차곡 쌓인다.

"오늘 일어난 일은 아무한테도 이야기하면 안 돼!"

일곱 살 딸아이에게 이웃집 오빠가 자신의 성기를 만지라는 충격적인 행동을 했다는데, 엄마는 딸에게 아무한테도 알리지 말라고 한다.

이제 아이는 자신이 당한 기분 나쁜 느낌을 누구와도 나누지 못한 채 평생토록 마음의 지하실에 그 느낌을 유배시킨다. 그래서 언제부터인가 남자아이 같은 목소리를 내고 과격한 행동을 하기 시작한다.

"너 동생 보기 창피하지도 않니? 누가 널 형이라고 하겠니?"

동생보다도 못한 형이란 부모의 평가는 아이를 한없이 초라하게 만든다. 아이는 그 느낌이 너무 괴로워 마음의 지하실에 가둬버리는 한편 겉으로는 오히려 자신이 세상에서 최고라고 부풀리게 되고, 시간이 갈수록 다른 사람들도 자신을 최고라고 여길 것이라 상상하며 구름 위에서 산다. 주위의 친구들은 아이가 '자뻑'이 심하다고 수군댄다.

"화가 나도 무조건 참아! 화내봤자 너만 손해야!"

화가 나는 상황에선 화를 내는 것이 당연하다. 하지만 화가 날 때조차 자신이 받을 피해부터 염려하는 아이는 일단 화를 참는다. 그리고 그 분노는 마음의 깊은 바닥에 차곡차곡 쌓인다. 이런 아이는 평생에 걸쳐 주위 사람을 기쁘게 하는 일에 전념할 것이다. 남에게 인정받을 수만 있다면 내 속은 곪아 터져도 상관없다. 괜히 화 한 번 잘못 내서 상대방의 기분을 상하게 하고 불이익을 당할까 봐 지하실 문단속도 더 철저히 한다.

마음의 지하실에 억눌린 감정이 많이 쌓여 있는 아이는 결코 자신의 모습 그대로를 사랑하지 못한다. 또한 지하실에 감춰진 감정들을 감추려고 착한 척, 잘난 척, 때론 즐거운 척하기에 급급하며 진짜 자신의 감정이 무엇인지는 모른 채 살아간다. 그리고 그 마음의 지하실에 다가가는 것을 두려워하며 평생 발도 들이지 않으려 한다. 왜 그럴까? 답은 의외로 간단하다. 함께 들어갈 사람이 없어서다. 컴컴하고 무서운 지하실에 같이 들어가줄 수 있는 사람, 의지할 수 있는 사람만 있다면 용기를 낼 수 있는데 말이다.

동정이 아니라 고통을 함께 느껴라

할머니와 함께 들락거리다 보니 귀신 소굴 같던 지하실이 그리 무섭지 않아졌던 내 경우처럼, 지하실이 두렵고 기분 나쁜 장소에서 안전한 장소로 변하기 위해서는 동반자가 필요하다. '혼자 가면 죽을 것만 같았던 공포의 장소였는데 함께 내려가보니 견딜 만하더라'는 경험을 하게 해줘야 하기 때문이다. 그래서 많은 심리치료사나 상담사들은 이렇게 이전의 느낌을 완전히 바꿔주는 '교정적인 정서 체험corrective emotional experience'이야말로 내담자에게 엄청난 변화의 기폭제가 된다고 말한다.

지하실 밖으로 나오면 큰일 날 줄 알았던 억압된 감정을 당당하게 표현해도 괜찮다는 안정감을 아이에게 주는 데 있어 가장 중요한 것은 어른(부모)의 역할이다. 어른은 아이의 가슴속 지하실에 갇혀 있는 것이 무엇인지 세심하게 살피고 충분히 공감해주어야 한다.

그런데 문제는 어른들도 지하실을 불편하게 여긴다는 점이다. 언제부턴가 많은 사람이 고층 아파트를 선호하기 시작하면서 우리가 사는 집은 하늘 높은 줄 모르고 높아졌다. 사람들은 고층에서 내려다보이는 경관, 넓어 보이는 실내 등 겉으로 보이는 것을 점점 중시하며 그것에 집착했다. 그러는 동안 예전 집들에서는 쉽게 볼 수 있었던 지하실도 사라졌다. 지하실은 우리도 모르는 사이에 그렇게 우리네 삶과는 무관한 장소로 변해버렸다.

우리의 마음속 집이 변해온 양상도 비슷하다. 사람들은 이성적인 사고를 하는 머리만을 우선시하고, 감정은 늘 뒷전이다. 또한 머릿속에 저장하는 방대한 지식과 정보에 집착한 나머지 평소에

는 좀처럼 하지 않는 생각, 감정, 기억 등을 저장해두는 지하실에
는 들어가지 않게 되었다. 마음의 지하실로 들어가는 통로를 차단
해버린 것이다.

그러나 마음의 집의 구조를 다시 생각해야 한다. 누구나 마음의
집에는 지하실이 있다. 내가 거주하는 층과 지하실의 통로가 연결
되어 있으면 마음이 안전감을 찾고 건강해질 수 있다.

안전감의 첫 번째 조건은 앞서 이야기했듯 함께 지하실에 들어
갈 수 있는 믿을 만한 사람을 만나는 것이다. 누군가가 우리를 충
분히 '이해(understand)'하게 되려면 자신의 지하실, 즉 우리의 맨
아래(under)까지 내려가 함께 서 있는(stand) 경험을 해야 한다. 여
기서 '이해'는 공감과 상통하는 개념이다. '공감(empathy)'의 어원
을 보면 '고통 안으로(into suffering)'라는 뜻을 가지고 있다. 비슷
한 단어인 동정심(sympathy)과 비교해볼 때, 공감은 '똑같이 함께
(sym-)'보다 '안으로(em-)'의 의미를 강조한다는 차이가 있다.

예를 들어 한 사람이 길을 가다가 웅덩이에 빠졌을 때 지나가던
다른 사람이 애타는 마음을 '똑같이 함께' 느끼고 그를 구하기 위
해 손을 내미는 마음을 동정심이라고 한다면, 아예 웅덩이 '안으
로' 내려가 그 바닥에서 웅덩이에 빠진 이를 붙들고 우는 적극적인
감정이입을 공감이라고 볼 수 있다. 이 때문에 상담사들은 초기 상
담의 가장 중요한 목표로 '공감적 이해(empathic understanding)' 즉,

내담자의 마음에 있는 지하실에 함께 서는 것을 꼽는다.

안전감의 두 번째 조건은 이러한 동반자가 지하실 '안으로' 내려가 가장 밑바닥의 고통을 함께 느끼는 경험을 하는 것이다. 내게 있어 할머니는 세상 끝이라도 나와 함께 가주실 것 같다는 믿음을 주는 분이었다. 그리고 지하실의 밑바닥 '안으로' 함께 내려가 두려움을 나누고 여러 차례 함께 머문 경험을 통해 놀랍게도 나는 지하실에 있는 모든 것을 자연스럽고 친근하게 받아들일 수 있었다.

아이의 숨은 감정을 보듬어라

통로가 막혀 있는 마음의 집을 가진 사람은 자존감도 매우 낮다. 이들의 마음속 지하실에는 다음과 같이 어린 시절 부모와의 경험에서 얻게 된 온갖 부정적인 생각과 느낌이 가득하다.

- 거절당하는 것에 대한 두려움
- ~인 척하는 태도
- 쉬지 않고 일해야 한다는 생각
- "아니오"라고 말하지 못하는 습성
- 주위의 모든 사람을 위해야 한다는 생각
- 모든 사람에게 착하게 행동해야 한다는 강박

- 자신이 원하는 바를 표현하기 어려움
- 가족에게 수치스러운 존재가 되지 않기 위해 애씀
- 공허함

우리가 집이라는 물리적 공간에서 가족들과 함께 사는 것처럼, 아이의 마음의 집에도 가족들이 함께 산다. 마음의 집에서 가장 중요한 것은 안방에 사는 부모다. 부모와 아이와의 실제 관계에서 오는 경험이 마음의 집에도 매우 중요하다. 그런데 많은 부모가 다음과 같은 말로 아이의 마음의 집에 어두운 지하실을 만드는 실수를 한다.

"너, 그렇게 화내면 아무도 안 좋아해, 알아?"
"엄마 아빠는 네가 말을 잘 들을 때가 제일 예뻐!"
"우리 다빛이는 얼마나 착한지 몰라요! 동생한테 항상 양보해요, 항상!"
"힘든 것 알아. 하지만 누구나 다 참고 사는 거야."
"네가 그런 식으로 하면 엄마 아빠 욕먹게 하는 거야."
"네가 뭘 잘못했는지 혼자 반성해봐!"

앞에서 나는 아이와 공감하지 않고 결과만을 가지고 하는 칭찬은 가짜 '착한 아이'를 만들어낸다는 것을 이야기했다. "동생한테 항상 양보해서 예쁘다!"라는 말은 칭찬이라 할지라도, 이런 부모의 말을 들으면 아이는 부모의 거울에 비춰질 자신의 모습을 인위적으로 만들어가게 된다. 앞으로도 계속 부모의 인정을 받기 위해서 말이다.

이때 동생 때문에 생기는 짜증이나 엄마가 시키는 일을 하면서 생기는 부담감은 거울에 비치지 않도록 지하실에 집어넣고 잠가버린다. 그러다가 어느 날 문득, 오래전 가둔 지하실 속 감정과의 통로를 차단한 채 모든 사람을 즐겁게 하려고 애쓰는 자신을 발견하게 된다. 사람들은 자신을 천사표라고 하지만 정작 자신의 마음속 솔직한 감정은 누구와도 나누지 못한 채 공허하기만 하다.

어린 시절 코흘리개 동생 세 명을 마치 엄마처럼 돌봐야 했던 열다섯 소녀는, 중년이 돼서야 어린 시절 자신이 겪은 고충과 어려움을 단 한 번도 부모에게 말하지 못했던 이유를 털어놓았다.

"그때 부모님은 내게 늘 같은 이야기를 하셨어요. '너 아니면 엄마 아빠가 어떻게 살지 모르겠다. 네가 동생을 이렇게 잘 돌보니 아무 걱정 없이 일한단다. 장하다, 우리 딸. 최고!'라고 말이죠."

부모는 착하고 말 잘 듣는 딸을 거울로 한껏 비춰주었다. 그런데 딸의 마음속 지하실에서는 무슨 일이 일어난 것일까? 혹시나 기대에 못 미칠까봐 부모의 거울에 자신의 감정을 제대로 비추지 못한 아이는 오래도록 지하실에 힘들어하는 마음을 숨기고 살아왔다.

나는 가끔 어린 시절 우리 집 지하실에 놓여 있던, 먼지가 뽀얗

게 내려앉은 오래된 거울을 떠올리곤 한다. 아이가 지하실에 부모 몰래 숨긴 감정이 많으면, 지하실에 자신만의 거울이 생긴다. 안타깝게도 그 먼지 낀 거울에 비친 아이의 모습은 부모가 비춰주는 거울 속 모습과는 정반대인 경우가 많다.

부모가 비춰준 거울에는 천사인데, 아이의 마음속 지하실 거울에는 아무도 돌보지 않고 아무에게도 도움을 청할 데 없는 외로운 아이가 보인다. 착해지기 위해서, 아니 착하다고 인정받기 위해서 외롭고 막막한 자신의 느낌을 아무도 모르게 감춰버린 것이다. 마음속 지하실, 먼지 낀 거울에 비친 아이의 모습은 부모가 보듬고 공감하는 태도를 보일 때 서서히 사라질 것이다.

칭찬보다 공감이 먼저

아이는 무한한 상상과 삶의 에너지를 지닌 존재다. 하지만 부모의 통제로 인해 자신에게서 샘솟는 감정과 역동적 힘을 다 발휘하지 못하는 경우가 많다.

다음의 상황을 읽고 물음에 답해보자.

당신은 직장을 다니는 엄마다. 여덟 살, 초등학교 2학년생인 아들과 네 살배기 딸이 있다. 어린 딸을 어린이집에 맡겨놓는 것이 마음 편하지는 않지만 경제 사정 때문에 일을 다시 시작하게 되었다. 상황이 이러니 아들이 학교에서 돌아와 딸아이를 어린이집에서 데려와 돌봐주지 않는다면 굉장히 곤란해진다. 다시 직장을 나간 지 한 달, 아들은 괜찮다며 엄마를 오히려 위로하지만 표정도 행동도 예전과는 달라진 듯하다.

1. 당신은 아들에게 어떻게 이야기를 건넬 수 있을까? 아들을 대견하게 치켜세우는 칭찬 말고 어떤 일을 할 수 있을까?
2. 아들의 표정과 행동이 변했는데, 아들의 가슴을 비추는 거울부모는 아들과 어떤 대화를 나눠야 할까?
3. 상황을 바꿀 수 없다면 어떤 변화를 시도해볼 수 있을까?

아이는 자신의 느낌을 표현하기보다는 인정과 칭찬을 받기 원하는 부모의 의견과 반응에 대부분 따라가게 된다. 그리고 부모에게 마음껏 표현하지 못하고 받아들여지지 못한 감정을 자신만의 마음속 지하실에 감추기 시작한다. 이때 거울부모는 아이와 함께 공감하면서 그의 마음속 지하실에 함께 들어갈 수 있어야 한다.

마음의 지하실에 함께 내려갈 수 있는 부모를 가진 아이는 어려운 상황도 두려워하지만은 않는다. 거울부모는 아이가 마음속 지하실에서 외롭고 초라한 자신의 모습을 비추도록 버려두지 않고 따뜻하게 이끌어주기 때문이다.

아이의 마음속 지하실을 비추는 미러링에서 꼭 명심해야 할 것은 아이가 행동한 결과를 칭찬하는 것이 우선이 아니라는 것이다.

그것보다 먼저 해야 할 일은 아이의 감정을 알아채는 것이다. 아이가 힘들다고 다 받아줘야 하느냐고, 아이가 못 하겠다고 하면 엄마가 직장을 포기해야 하는 것 아니냐고 두려워할 필요 없다. 가슴 깊은 곳에 있는 감정을 나눌 대상이 아무도 없고, 그 감정을 지하실에 숨기기 시작하는 순간부터 아이는 남을 위해 존재하는 '가짜 자기'만 키우게 된다.

칭찬에 목숨 걸고, 나중에는 '착한 어른' 혹은 '착한 배우자'로 살다 보면 아무와도 자신의 내면 감정을 나눌 수 없는 공허함을 이어갈 수밖에 없다. 지금이라도 칭찬의 템포를 늦추고, 아이의 감정부터 비추자. 아이가 괜찮다고 한다 해서 감정을 무시하고 칭찬만 강행하면 아이는 착한 아이 콤플렉스를 본격적으로 키워갈 것이다. 감정을 숨기고 착한 모습을 보여야만 엄마 아빠에게 칭찬받을 수 있다고 믿으며 말이다. 오늘부터 아이에게 칭찬을 하고 싶을 때면 먼저 공감이 잘 진행되고 있는지부터 확인하자.

08

감정을 공유하면
아이의 폭력성은 사라진다

요즘 아이들은 게임을 통해
폭력을 즐기는 놀이에 몰두한다.
자신의 감정을 마음껏 드러낼 수 있는
건강한 놀이가 필요하다.

아이의 생활에 거의 신경 쓰지 못할 정도로 바쁘게 사는 부모가 있었다. 생계를 꾸려가는 것만으로도 버거운 가운데 다행히 아무 문제 없이 잘 자라주는 아이는 늘 부모의 자랑거리였다. 공부도 잘하고 얌전한, 그야말로 착한 아이였다. 가끔 아이에게 별일 없냐고 물으면 아무 일 없다며 염려 말라고 했다. 부모는 철석같이 그 말을 믿었다. 그런데 사실 아이는 심한 우울증을 앓고 있었으며 정서적으로 고통스러운 상태에서 다른 학생에게 폭력을 행사하고 있었다. 그것을 알았을 때 부모의 충격은 얼마나 컸을까?

그동안 미국에서 종종 보도되는 교내 총기사고 소식을 먼 나라의 일로만 여겼던 우리 사회는 2007년에 한인 대학생이 버지니아 공대에서 총기 난사 사건을 일으키자 큰 충격에 휩싸였다. 그리고 곧 아이의 정서와 폭력에 관한 심리 분석에도 관심이 높아졌다. 특히 많은 부모가 아이의 말과 행동에 주목하고, 어떻게 하면 어린 시절부터 아이의 마음을 돌봐줄 수 있을지 고민하게 되었다.

건강한 놀이, 병든 놀이

여기서 나는 앞서 이야기한 거울놀이를 어떻게 지속해나갈 것인지에 관해 이야기하려고 한다. 거울놀이를 하기 위해서는 무엇보다 아이에 대한 어른의 편견과 환상을 버려야 한다. 그리고 오늘날의 아이들이 어떠한 문화 속에 살고 있는지, 어떠한 변화를 겪고 있는지 이해하려는 노력이 필요하다.

먼저 놀이의 시대적인 변화부터 살펴보자. 많은 발달심리학자나 교육학자들은 아이들이 맨 처음 자신을, 그리고 타인과의 관계 속에서 자기 역할을 발견하는 방법이 '놀이'라고 주장한다.

나는 어렸을 때 저녁 늦게까지 친구들과 골목에서 숨바꼭질을 하고, '짬뽕공'이라고 불리는 작은 고무공을 가지고 야구놀이를 한 기억이 있다. 경기를 하다 보면 서로 부딪혀 몸싸움을 하다 다치기도 했는데, 그때 모두가 암묵적으로 동의한 놀이 규칙이 있었다. 바로 누군가 다칠 경우 즉시 놀이를 중단한다는 것이었다. 누군가 무릎이 깨져 피가 나거나 공에 맞아 코피가 나면 모두 다친 친구에게 모여들었다. 우리에게는 이것이 매우 일반적인 놀이 법칙이었다.

그러나 요즘 우리 아이들이 하는 놀이는 어떠한가? 부모 세대의 놀이와는 무척 대조적이다. 요즘에는 여러 친구와 모여서 부대끼며 노는 것보다는 컴퓨터 게임을 하며 혼자 노는 경우가 많다. 물론 가상의 세계에서 여럿이 함께하는 컴퓨터 게임도 있지만, 그런 놀이의 상대는 그 수가 아무리 많아도 온라인상에서만 존재하는 유령 같은 존재에 불과하다. 컴퓨터를 매개로 한 놀이는 현실 세계와 유리된 놀이 환경을 조성하게 마련이다.

무엇보다 컴퓨터 놀이의 가장 큰 위험성은 건강한 놀이가 지녀야 할 상식적인 놀이의 법칙을 근본적으로 뒤집어놓는다는 데 있다. 누군가 다치면 놀이를 중단하는 것이 아니라, 누군가를 다치게 해야 놀이를 시작할 수 있다. 아니, 아예 죽이는 것이 놀이의 출발이다. 많이 죽일수록 점수는 올라가고, 하나도 남기지 않고 다 죽여야 게임의 고수가 된다. 나는 이러한 게임을 '병든 놀이_{pathological play}'라고 부른다. 이러한 병든 놀이는 다소 폭력적이거나 선정적인 TV 프로그램을 시청하는 것보다 훨씬 더 나쁜 영향을 준다. 이는 TV를 틀었다가 우연히 폭력적인 장면을 경험하게 되는 수동적인 행위가 아니라 폭력적인 게임을 스스로 선택해 몰입하는, 즉 본인의 자발적 의지가 전제되는 적극적인 행동이기 때문이다.

미국의 학교 내 총기사고가 큰 관심과 우려를 낳는 이유 중 하나는, 범인은 자신이 싫어하는 특정 학생이 아닌 불특정 다수에게 총격을 가했다는 것이다. 자신과 아무런 관련이 없는 학생들에게 총을 겨눈 학생을 조사하는 과정에서 놀라운 사실이 발견되었다. 정작 그 학생은 자신이 그렇게 많은 사람에게 총격을 가한 사실을 인식하지 못하고 있었던 것이다.

총격을 가한 피의학생은 매일 서너 시간씩 수년간 사격 게임을 했고, 자타가 공인하는 게임 고수였다. 그 과정에서 그는 자신도 모르는 사이에 보이는 모든 대상에게 총격을 가하는 반사적인 행동을 학습하고 습득하게 된 것이다. 이는 마치 운전 경력이 10년쯤 되면 장애물이 나타났을 때 아무런 의식적 노력 없이 오른발을 브레이크로 움직이는 '자동조종장치automatic pilot' 현상과 매우 흡사하다. 특히 예닐곱 살 정도의 어린아이들은 아직 현실과 공상을 제대로 구별하지 못하기 때문에 이들을 폭력적인 게임에 노출시키는 것은 곧바로 무서운 폭력을 학습하도록 방치하는 것과 같다.

또한 아이들이 게임에 집중했던 시간들이 차곡차곡 쌓여서 나중에는 엄청난 괴력을 발휘할 수도 있다. 여러 해 전 미국의 14세 소년이 사람들을 향해 여덟 발의 총알을 쏘았는데 모두 명치에 명중시킨 놀라운 사건이 있었다. 그저 어릴 적부터 사격수의 기질을 타고났다고 치부하기엔 너무도 뛰어난 솜씨였다. 미국 일반 경찰의 명치 명중률은 70발 중 다섯 발 정도에 불과한데, 매일 게임을 통해 사격 연습을 했던 소년은 자신도 모르는 사이 저격수를 능가

하는 능력이 생긴 것이다.

이렇듯 게임의 세계와 현실 세계를 혼동하게 하는 오늘날의 병든 놀이 때문에 아이들은 자연스레 폭력의 기술을 습득하게 된다. 버지니아 공대 총격 사건의 범인인 조승희 군도 외부와 단절된 자신만의 세계 속에서 오랜 세월 폭력적인 컴퓨터 슈팅 게임에 길들었을 가능성이 크다. 다행히 우리나라는 총기 소지를 제한하고 있지만 이러한 병리적 놀이문화가 확산되는 한 아이들의 폭력성은 결코 제지할 수 없을 것이다. 근래 사회적 문제가 되고 있는 학교 폭력도 이미 가정마다 아이들의 일상생활에 깊숙이 자리 잡은 폭력적인 게임과 결코 무관하지 않다.

감정을 공유하는 놀이의 힘

요즘 아이들 놀이 문화의 문제는 무엇일까? 건강한 놀이에 꼭 필요한 거울이 없어진 점을 그중 하나로 들 수 있다. 건강한 놀이에는 늘 거울이 있기 마련이다. 상대의 거울을 통해 자신을 비춰보고, 서로를 환하게 비춰주는 관계 형성이 놀이에 있어서 중요한 덕목이기 때문이다.

지금 당신의 아이가 놀이에서 누구를 만나는지 살펴보자. 처치해야 할 적과의 만남이 놀이가 되어서는 안 된다. 이러한 놀이에

길든 아이는 현실에서도 타인이 친구 아니면 적이라는 매우 극단적인 사고에 빠질 수 있다.

많은 아이가 현실에서 이루지 못한 욕구를 충족하기 위해 게임에 몰두한다. 그들은 게임 속 가상의 세계에서 무력으로 상대를 제압하고 절대권력을 행사한다. 그러나 건강한 놀이와 게임에서는 상대가 경쟁하는 대상이 될 수는 있을지언정, 처단해야 할 적이 되지는 않는다. 상대는 이겨야 할 대상이지만, 한편으로는 협력하고 배워야 할 대상이기도 하다. 축구대표팀이 자신들보다 강한 팀과 평가전을 하는 이유가 바로 여기에 있다. 현실에서 건강한 관계의 소통과 만남을 가질 수 있는 아이는 건강한 놀이를 할 수 있다. 그리고 이를 위해서는 부모가 먼저 아이와 함께 건강한 놀이를 해야 한다.

몇 해 전 나는 자살을 시도한 한 중학생과 그의 부모를 상담했다. 아이가 하루 열 시간 가까이 게임에 매달리자 부모는 인터넷을 끊어버렸고, 이에 분노한 아이가 극단적인 공격성을 드러내며 자살을 시도한 것이다. 내가 그 부모에게 제시한 첫 번째 임상적 개입은 아이와 놀이를 시작하라는 것이었다.

다 큰 중학생과 무슨 놀이를 할 수 있을까? 맞벌이 부부로 바쁘게 살아오느라 아이와 제대로 놀아본 적이 없던 부모는 몹시 당황했다. 나는 아버지에게 아들과 컴퓨터 게임을 함께 해보라고 권했다. 그러자 프로게이머 수준의 아들과 컴맹 아버지 사이에서 재미

있는 역동 현상이 일어났다. 아들의 능숙한 솜씨에 아버지는 처음으로 감탄사를 연발했고, 그토록 바라던 인정과 칭찬의 말을 듣게 된 아들에게 변화가 생긴 것이다. 아버지와 함께하는 건강한 놀이에서 소통의 즐거움을 맛본 아들은, 자신을 밀폐된 세계로 몰아넣었던 병든 놀이에서 벗어나게 되었다.

이처럼 아이들과의 놀이에서 가장 중요한 것은 공감이다. 부모라는 거울이 보여주는 인정과 칭찬을 통해 아이는 자신이 사랑받고 있음을 느끼기 때문이다. 나는 아이들의 컴퓨터 게임을 모두 금지하라는 무리한 요구를 하는 것이 아니다. 폭력적인 게임 문화 가운데서도 우리의 아이가 좀 더 건강하게 성장하기 위해서는, 거울로서 부모의 상호작용이 훨씬 더 절실하다는 것을 강조하고픈 것이다. 거울이 빠진 놀이의 결말은 늘 폭력적일 수밖에 없기 때문이다.

비폭력의 정의는 다양하게 내릴 수 있다. 나는 비폭력이 그저 폭력이 없음을 의미하는 것은 아니라고 믿는다. 보다 적극적인 의미의 비폭력이란 인간의 내면에서 기대하는 소통과 인정의 욕구를 상호 충족시키는 것이다. 그러므로 비폭력은 적극적인 소통과 공감이다. 폭력을 무조건 금하고 아이의 폭력을 또다시 강압적으로 통제하는 것으로는 문제를 해결할 수 없다. 부모는 아이 주위에 폭력을 학습하게 하는 환경이 없나 세심하게 살피고, 건강한 놀이 문화 속에서 아이와 상호작용할 수 있도록 그들의 거울이 되는 연습을 해야 한다.

공격성을 다스리는 현명한 거울이란

공격성을 지닌 아이의 부모가 꼭 알아두어야 할 점이 있다. 공격성이 드러나는 곳에는 소리를 지르는 요술거울이 있다는 것이다. 아이들이 공격적이고 폭력적인 행동을 할 때는, 자동조종장치처럼 소리 지르는 거울에 자신을 비추어 반사적으로 행동하는 경우일 때가 많다. 아이에게 폭력은 참을 수 없는 분노를 표출하기 위한 수단이기보다는, 다른 사람의 시선과 반응을 얻기 위해 소리를 지르는 거울에 자신을 반사한 모습인 것이다.

한번은 아동의 공격성에 대해 공개 강의를 한 적이 있다. 강의가 끝나자, 한 엄마가 네 살짜리 아들에 대한 걱정을 털어놓았다.

"애는 조금만 자기 맘에 안 들면 고래고래 소리를 질러요."

나는 되물었다.

"혹시 가족 중에 자주 소리를 지르는 분이 있진 않나요?"

엄마의 대답은 단호했다.

"없어요! 다른 식구들은 아무도 애처럼 무식하게 소리 지르지 않는데, 정말 이상해요!"

나는 호기심을 가지고 계속 물었다.

"그러면 아이가 소리를 지르면 어떻게 하세요? 그냥 모른 척하시나요?"

그러자 아이 엄마가 의아한 눈초리로 되물었다.

"모른 척하다니요? 타일러야지요. 다시는 안 그러도록……."

"그러면 그 자리에서 곧바로 타이르시나요? 아니면 조용히 방으로 데리고 가서 말씀하시나요?"

"그야 당연히 그 자리에서 따끔하게 야단치지요."

대답하는 언성이 살짝 높아졌다.

"그 자리에서 야단을 치시면 가끔 소리도 지르시겠군요?"

"그야 하다 보면 그럴 수도 있겠지요. 좋게 이야기해서는 약발이 안 들을 수도 있고요."

아이 엄마는 인정하지 않았지만 그 가정에는 소리를 지르는 거울이 있고, 그 거울에 자신을 비춰본 아이는 소리를 지르며 공격성을 드러냈다. 아이의 공격성의 원인은 사실 가정 내에 있는 경우가 많다. 공격성은 가장 빨리 학습된다. 거울이 부리는 요술에 걸려들기 때문이다. 너무도 조용한 집 안에서 아무도 자신에게 관심을 가지지 않았는데, 자신이 소리를 지르니 주위의 거울도 소리를 지르면서 요술을 부린다. 그 요술이 신기해서 아이는 자신이 인정받지 못하고 있다는 느낌이 들거나 주목이 필요하다고 느낄 때마다 요술거울을 불러들인다.

아이에게 웃음 가득한 긍정의 상을 비춰주는 까꿍놀이와 반대되는 놀이가 바로 '소리 지르는 거울놀이'라고 할 수 있다. 예전에 자기 곁에서 웃음을 비춰주던 부모의 거울은 시간이 지나면서 아이 곁을 떠나고 이제는 있는지조차 알 수 없다. 그러다가 어느 순간 거울이 내는 큰 소리를 듣고 나서, 아이는 아직도 집 안에 거울이 존재하고 있음을 알게 된다. 거울이 그나마 자신의 곁에서 자신을 비출 때는 소리를 내는 순간뿐이었던 것이다.

아동심리에 대해 공부해온 한 초등학교 교장선생님의 이야기를 들어보면 소리 지르는 거울놀이를 멈추는 방법을 깨닫게 된다. 이 교장선생님의 학교에는 악명 높은 말썽꾸러기 상철이가 있었다. 늘 크고 작은 사고를 일으킬 뿐만 아니라 아이들에게 폭력을 행사하기까지 해서 모든 선생님의 골칫거리였다. 하루는 교장선생님이 운동장을 내려다보는데, 그 말썽꾸러기 상철이가 또 하급생을 괴롭히고 있었다. 교장선생님은 급히 달려가 아이들을 떼어놓고 상철이를 교장실로 데리고 왔다. 화가 난 상철이는 교장실에 있는 집기를 던지고 부수며 반항했다. 아이의 폭력성은 그날따라 극에 달한 것처럼 보였다. 이때 교장선생님은 큰 결심을 했다.

'오늘은 상철이의 폭력적인 행동에 감정적으로 격하게 반응을 해서는 안 된다. 오히려 의도적으로 모른 척하자.'

교장선생님의 결심은 결코 쉬운 것이 아니었다. 눈앞에서 자신이 아끼던 물건들이 박살이 나고 있었으니 말이다. 하지만 선생님은 그 순간 상철이에게 그동안 경험하지 못한 다른 거울이 되고

자 마음먹었다. 자신이 소리를 지르고 야단을 치면, 상철이는 다시 '소리 지르는 요술거울'에 자신을 반복적으로 비춰볼 것이기 때문이었다. 그래서 아무리 상철이가 물건을 부수면서 화풀이를 해도 교장선생님은 아무런 반응을 하지 않으며 그야말로 초인적인 힘을 발휘해 참았다. 자신이 가장 아끼는 전화기마저 상철이가 높이 치켜들자 인내심이 한계에 달했지만, 오늘따라 예사롭지 않은 거울을 만난 말썽꾸러기는 마침내 어색한 몸짓을 하며 전화기를 내려놓았다. 숨을 몰아쉬며 창문가로 간 상철이는 다소 황당해하는 표정으로 서 있었다.

교장선생님은 이제 자신이 상철이에게 반응할 차례라고 생각했다. 특별히 그의 거울은 상철이의 가장 상처 입은 가슴을 비추려고 시도했다. 선생님은 아이의 감정을 비추면서 접근했다.

"상철아, 물건을 부숴도 마음이 풀리지 않아 허탈한 것 같은데, 괜찮니?"

아이는 눈을 흘기면서 아직도 분이 풀리지 않는 듯 숨을 몰아쉬었다. 교장선생님은 바닥에 주저앉아서 부러지고 망가진 집기를 줍기 시작했고, 한참을 줍다가 상철이를 올려다보면서 이렇게 제안했다.

"상철이가 선생님을 도와서 이 일을 같이 하면 참 좋겠는데, 상철이는 어때?"

상철이는 마지못한 듯 털썩 주저앉아 교장선생님과 함께 방을 정리했다. 정리가 거의 끝나갈 무렵 교장선생님은 한 가지 제안을 했다.

"교장선생님 방에 액자가 하나도 없어서 너무 썰렁하지 않니? 지난번에 우연히 미술 시간에 네가 그린 그림을 보았단다. 너 정말 그림 잘 그리더라. 혹시 교장선생님에게 그림을 그려서 선물해줄 수 있겠니? 이 방에 걸어놓으면 참 좋을 것 같아서 말이야!"

상철이는 무뚝뚝하게 대답했다.

"저 그림 못 그리는데요."

방 정리가 끝난 뒤 교장선생님은 상철에게 감사 인사를 전했다.

"상철아, 네가 오늘 도와줘서 선생님은 정말 기쁘단다. 우린 앞으로 좋은 친구가 될 수 있을 것 같다!"

그날 이후 상철이는 매일 교장실로 자신이 정성껏 그린 그림을 배달하기 시작했다. 약속대로 교장선생님은 상철이의 그림을 차례로 액자에 넣어 자신의 방을 장식했다. 교장실이 자신의 그림으로 가득 찬 뒤부터 상철이는 다시는 학교에서 말썽을 피우지 않았다고 한다.

아이의 폭력성은 어떤 거울을 만나는가에 따라서 분명히 순화될 수 있다. 당신은 아이에게 어떤 거울인지 살펴보라. '소리를 지르는 요술거울'이어서 아이가 그 요술 때문에 함께 소리 지르고 공격성의 고리를 끊지 못하는 것은 아닌지 말이다. 이제 까꿍놀이를 할 나이가 지났다면 새로운 거울놀이가 필요하다.

먼저 자신의 볼륨을 낮추자. 소리를 지르는 거울은 결코 아이를 환하게 비춰줄 수 없다. 의도적으로 공격적 행동을 비추지 않았던 교장선생님의 지혜를 배우자. 그래야 당신은 기적처럼 아이에게 새로운 거울이 될 수 있다. 소리 내는 거울에만 자신을 비추던 상철이를 마법에서 풀어낼 수 있었던 것처럼 말이다.

그다음에 할 일은 아이의 가슴을 비추는 것이다. 어디다가 성질을 부리냐고 따지지 말고 아이의 가슴속에 어떠한 감정이 자리 잡고 있는지 찬찬히 헤아리자. 마치 손전등을 들고 비추듯이, 아이의 가슴속 깊은 감정을 비추고 표현해주는 일이 중요하다. 감정을 꼭 알아맞힐 필요는 없다. 아이의 가슴을 헤아리려는 노력만으로도 충분하기 때문이다. 아이의 가슴을 비추고, 다음과 같이 이야기해 보자.

"아빠가 보기에는 네가 많이 불쾌한 모양이구나?"

"엄마가 느끼기에는 네가 무서워하는 것 같은데, 어떠니?"

가슴높이를 맞추는 거울을 가지게 된 아이는, 가슴속에 묻어두었던 느낌을 다른 사람과 함께 나누는 소통의 자유를 경험하게 된다. 이제 억지로 착한 척, 무서워도 괜찮은 척하지 않아도 된다는 것을 배우는 것이다.

그리고 마지막으로는 아이가 잘할 수 있는 것, 칭찬받을 만한 것을 집중적으로 비춰줘야 한다. 그러면 아이는 상철이처럼 극단적인 방법이 아닌 바람직한 방법으로 주목받고 인정받으며 사랑받고 있는 자신의 모습을 찾아가게 된다. 혹시 자기도 모르는 사이, 아이에게 부정적인 거울을 비추고 있었던 건 아닌지 되돌아보자.

감정을 비추는 현명한 거울 되기

아이는 놀이를 통해 바깥세상과 소통한다. 그래서 아이의 첫 번째 놀이 대상이 되는 부모는 아이에게 가장 중요한 소통 대상이다. 요즘에는 자신의 모습을 비춰볼 수 있는 거울이 존재하지 않는, 폭력적이고 병든 놀이가 무성하다.

건강한 놀이의 필요충분조건은 바로 거울의 역할이다. 부모라는 거울과 상호작용하는 가운데 아이는 가슴속 느낌을 공유하게 되고 자신이 사랑받고 있음을 확인하게 된다. 다루기 힘든 아이의 공격성도 거울 역할을 하는 부모의 잘못된 반응 때문일 때가 많다. 현명한 거울 역할을 통해 마음속 깊은 곳을 살피고 인정과 칭찬을 해준다면 아이의 공격성은 분명 사라질 수 있다.

다음 상황을 읽고 물음에 대답해보자.

대형 마트의 장난감 코너에서 당신의 아이가 마음에 드는 장난감을 발견했다. 미니카 시리즈 장난감을 발견한 아이는 사달라고 떼쓰기 시작한다. 당신은 그 장난감을 사줄 생각이 없고, 장난감 가격 또한 너무 비싸다. 하지만 이제 아이는 점점 더 크게 사달라고 소리를 지르며 바닥에서 구르기 시작한다.

1. 당신은 그곳에서 아이에게 소리를 지를 것인가, 아니면 다른 사람이 없는 곳으로 데려가서 따끔히 야단을 칠 것인가?
2. 과연 아이는 어떠한 마음으로 바닥을 구르는 것일까? 아이의 행동이 이전에 큰 효과를 발휘했던 것은 아닐까?
3. 아이의 가슴에 자리한 감정은 과연 무엇일까?

미니카 장난감보다 더 중요한 것은 당신의 거울 역할이다. 그런 장난감은 네게 필요 없다고 판단하고 윽박지르기보다는 당신이 그 장난감을 대신할 거울놀이의 대상이 되어보자. 구체적인 방법은 다음과 같다.

가장 먼저 해야 할 것은 '판단중지'다. 나쁜 행동이라고 여겨지더라도 "안 돼!" "조용히 해!" 하며 바로 소리를 지르거나 과도하게 반응해서는 안 된다.

그다음 단계는 '욕구탐색'이다. 아이가 지금 바라는 것이 무엇인지 알아낸 다음, 그것을 소리 내어 다음과 같이 아이에게 말해주자.

"민수야, 장난감이 정말 갖고 싶은 거구나."

마지막 단계는 '감정 미러링'이다. 자신의 욕구가 이루어지지 않아서 아이가 느낄 감정을 인정하고 공감해주는 것이다.

"민수야, 그런데 어떻게 하지? 이번에는 사줄 수 없을 것 같은데……. 많이 속상하겠다. 엄마가 민수 섭섭한 마음은 잘 알고 있어. 미안해."

거울놀이의 필요충분조건은 부모를 통해 완성된다. 그러니 아이의 공격성을 부추기는 '소리 지르는 거울'로부터 찬찬히 '감정을 비추는 거울'로 거듭나보자. "너 때문에 내가 못 살아! 화나 죽겠어!" 등과 같이 자신의 감정만 전달하는 부모는 많지만 아이의 가슴속 욕구와 그것이 이루어지지 않아서 생기는 감정을 함께 미러링하며 느끼는 부모는 극히 드물다. 하지만 지속적으로 아이의 감정에 공감하다 보면 아이의 공격성은 급격하게 감소할 것이다. 아이의 분노와 공격성은 자신의 욕구와 느낌에 무관심한 부모에게서 느끼는 뼈아픈 거절감을 스스로 방어하기 위해 나타나는 반응이기 때문이다.

09

아이의 감정에
이름을 붙여주자

아이의 느낌이 머무는 곳은
머리가 아니라 가슴이다.
아이가 자신의 감정을 솔직하게 드러낼 수 있도록
돕는 이가 바로 거울부모이다.

내 딸 다빛이는 미국에서 태어나 유치원까지 마치고 나를 따라
한국으로 돌아왔다. 영어는 물론이고 한국말도 능숙했기 때문에
다빛이는 일반 초등학교에 입학했지만, 아무래도 한국어 단어 수
준은 또래에 미치지 못해 가정에서 학습지 공부를 병행했다.

　그런데 하루는 학습지 선생님이 그간 딸아이가 해온 학습지 뭉
치를 아내에게 보여주며 학습 능력에 대해 설명해줬단다. 퇴근한
내게 그 뭉치를 건네는 아내의 표정이 심상치 않았다. 아이의 발
달에 대해 부정적 평가를 들은 듯했다. 울상이 된 아내가 보여준
학습지에는 주어진 동화나 우화를 읽고 '느낀 점'을 쓰라고 되어
있었고, 딸아이는 「토끼와 거북이」 같은 우화에 대해 다음과 같이
썼다.

토끼는 말도 안 되는 경기에 맥이 빠졌겠다.
거북이는 걸음이 너무 느려서 얼마나 속상했을까?
도중에 잠을 잔 것을 보면, 토끼는 엄청 따분했나 보다.
거북이는 처음에는 서글펐겠지만 결국 이겼으니 엄청 신났겠다.
하지만 토끼는 얼마나 약 올랐을까?

딸은 한 페이지 가득 등장인물이나 동물에 대해 느낌을 적어 놓았다. 우리가 정석으로 생각하는 일반적인 독후감과 많이 달랐지만, 나는 오히려 자신의 감정을 풍부하게 표현하는 아이의 능력에 놀랐다. 내심 내가 거울부모로서 감정을 집중적으로 조명한 덕분이 아닐까 자화자찬도 하면서 말이다. 그러나 학습지 선생님은 아이의 인지발달에 문제가 있으니 아동발달연구소나 소아정신과 전문의를 만나보는 것이 어떻겠냐고 한 모양이다. 아내는 상담센터 소장을 하는 남편이 아무 걱정하지 말라고 해도 자꾸만 미심쩍어했다. 나는 답답한 가슴을 어루만지며 속으로 이렇게 외쳤다.
'아니, 도대체 누가 이상한 거야? 느낀 점을 쓰라며!'

아이의 감정을 구체적인 단어로 설명하기

나는 어린 시절 방학이면 어김없이 책을 읽고 독후감을 썼다. 그때마다 과제물 종이에는 '느낀 점을 쓰시오'라는 말이 쓰여 있었다. 하지만 책을 읽고 난 뒤 솔직한 내 느낌을 적어본 기억은 별로 없다. 그저 참고서에 나온 예시대로, 줄거리를 요약한 뒤 작품의 주제와 배울 점을 썼을 뿐이다.

선생님이 물어볼 때도 마찬가지였다. 위인전을 읽고 느낀 점을 물으면 "저도 한석봉처럼 훌륭한 서예가가 될래요" 하고 다짐 같은 것을 말했다. 그래야만 선생님이 고개를 끄덕이셨기 때문이다. 사실은 '한석봉처럼 컴컴한 데서 글을 쓰면 정말 답답할 거야'라고 느꼈는데도 말이다.

느낀 점을 쓰라는 것은 가슴에서 나오는 감정을 쓰라는 것이 아닌가? 언제부터 '느낀 점'이 '배울 점'이나 '교훈'으로 둔갑한 것일까? 우리가 거쳐온 초등교육, 중등교육, 그리고 고등교육 할 것 없이 모든 교육 현장에서는 '느낌'을 철저히 무시했다. '느낀 점'이라는 단어 뜻까지 유린하면서 말이다. 그 때문인지 우리 역시 아이들의 느낀 점을 왜곡하고 있다. '느낀 점'이란 가슴이 아니라 머리로 생각하고 교훈으로 마음에 새길 점이라고 말이다.

이렇게 느낀 점을 도난당한 아이들은 당연히 자신의 느낌에 이름을 붙이지 못하고 마음의 집에 팽개쳐둘 수밖에 없다. 정작 어른들이 가슴의 느낌을 물어보면 한결같이 "몰라요, 그냥 그래요!" 하고 천편일률적으로 답한다. 좋지 않으냐고 물으면 그제야 "네, 좋아요!" 하고 답하지만 표정은 여전히 시큰둥하다.

좋은 것이 느낌일까? 좋다는 말도 사실은 판단과 평가에 쓰이는 단어로, 머리에 머무르기 쉬운 표현이다. 무엇이 좋다는 것인가? 가슴이 좋아야 한다. 가슴 벅차도록 감격스럽다는 것이 느낌이다. 가슴이 후련한 느낌, 그래서 날아갈 듯한 느낌이 진짜 느낌이 아닌가?

이렇게 가슴에서 우러나오는 '느낌'의 부재가 과연 아이들에게만 해당되는 문제일까? 기성세대도, 아마 그 이전 세대도 '느낀 점=생각할 점'이 되어버린 문화의 피해자인지도 모른다. 가슴은 깡그리 무시하고 모든 경험을 머리에 편입시킨 꼴이다. 느낌을 전혀 조명하지 않는 기성세대의 거울에 비친 아이들은 자신들의 감정을 표현할 수 있는 능력을 기르지 못한다. 감정을 표현하려고 해도 생각이 감정을 가로막기 때문이다.

엄마 동생이 그깟 볼펜 하나 망가뜨렸다고 그러는 거야? 말해봐!

아이 (괜히 화냈다가 혼만 나는 것 아냐?) 아니요. 괜찮아요.

아빠 사내 녀석이 그 정도 일로 왜 그래? 우는 거야?

아이 (벌써 잊었어? 남자는 찔찔 짜면 안 된다고 했잖아!) 아니요. 아무것도 아니에요.

아빠 올해는 캠핑에 갈 거지? 기분이 어때?

아이 (아빠는 씩씩한 나를 좋아하시잖아.) 좋아요.

학교는 물론 가정에서도 생각의 힘은 느낌의 힘보다 엄청나게 강압적이다. 그렇기 때문에 느낌을 그대로 비추는 거울의 역할은 더더욱 중요하다. 부모의 거울이 먼저 느낌을 비추고 감정을 읽으며 이름을 붙여줄 때, 아이는 더 이상 자신의 감정을 마음속 지하실에 가두지 않게 된다. 그리고 이런 과정을 통해 부모와 아이는 함께 가슴높이를 맞추는 공감을 경험할 수 있다.

"동생이 괘씸하고 원망스러운 모양이구나?"

"금방이라도 울 것같이 슬퍼 보이네."

"불편하고 부담스러워 보이는데, 다음에 갈까?"

아이와의 공감을 시도할 때 거울부모가 꼭 기억해야 할 것은, 아이가 가진 가슴 속 느낌에 반드시 이름을 붙여주는 것이다. 그것이 제대로 된 감정의 조명이다. 아이의 감정을 구체적으로 표현해 비추지 않으면 아무 소용이 없다. 앞의 예처럼 무턱대고 "말해봐!"라고 따져 묻는 거울에 아이는 반응하지 않는다. 아이는 느낌에 대한 감수성이 지극히 적고, 늘 생각이 앞서서 느낌은 뒷전이라는 점을 기억해야 한다.

"우는 거니?" 하고 묻는 것은 조금 나아 보인다. 감정을 읽으려는 의도를 가지고 있으니 말이다. 그러나 '예' 혹은 '아니요'로 대답하도록 묻는 질문은 금물이다. 아이는 부모가 원하는 대답을 생각해서, 둘 중 하나를 선택해 반사적으로 대답하기 때문이다.

또 어른들은 "기분이 어때?"라고 자주 묻는데, 대답하는 사람이 마음속으로 되물을 질문을 생각해보면 참으로 한심한 질문이다. 아이는 이런 질문을 듣게 되면 속으로 '그걸 왜 묻는데?', '내가 왜 알려줘야 하는데?' 하고 되물을지도 모른다. "몰라요", "그저 그래요", "좋아요" 등의 공식 같은 대답이 아니라 구체적인 대답을 듣고 싶다면 그런 질문은 피해야 한다. 거울다운 미러링 질문이 되려면 아이의 감정을 부모가 느끼고 구체적인 이름을 붙여주어야 한다. "참 억울하겠다, 어떠니?" 하는 식으로 말이다.

감정단어장에 틈틈이 기록하기

나는 미국의 전문상담기관에서 상담사로 일한 적이 있다. 당시 유일한 외국인 상담사였던 나는 모국어가 아닌 영어로 상담하는 일에 늘 적잖은 부담을 가지고 있었는데, 하루는 상담사 대기실에서 동료들의 기이한 행동을 목격하게 되었다. 다들 책상 위 유리 밑에 끼어놓은 종이를 뚫어지게 쳐다보면서 뭔가를 중얼거리는 것이었다. 처음에는 상담하기 전에 기도라도 하는 줄 알았다. 그런데 우연히 그 종이에 쓰여 있는 깨알 같은 글씨를 발견하고는 놀라지 않을 수 없었다. 그것은 바로 단어장이었다.

그들 모두 모국어로 상담하는 미국인들인데 단어장이 왜 필요했을까? 정작 단어장이 필요한 사람은 영어가 모국어가 아닌 내가 아닌가? 왜 단어장을 들여다보면서 암기까지 하냐고 따지듯 묻는 내게 동료들이 들려준 대답은 실로 놀라웠다.

"모국어이긴 하지만 감정에 대한 단어는 볼 때마다 새로워. 이렇게라도 눈에 익히지 않으면 상담 중 감정에 대한 단어를 적절하게 사용하지 못할까봐 틈나는 대로 보는 거야!"

인간의 사고나 인지능력을 최고로 여기고, 감정이나 느낌은 그보다 못한 것으로 치부하는 문화는 어느 사회나 일반적이다. 그래서 감정에 대해 일반인이 평소 사용하는 표현이나 단어도 열 개 안팎에 불과하다고 한다. 지금 당장 자신이 평소에 자주 표현하는 느낌에 대한 단어를 적어보자. 스무 개 이상 적을 수 있다면 당신은 당장 상담사를 해도 될 만하다. 요즘 아이들이 쓰는 느낌에 대한 단어는 몇 개쯤 될까? '짜증 나'밖에 없는 건 아닌지 모르겠다.

나는 부모들에게 '아이의 느낌을 잘 비춰주는 거울부모가 되려면 감정단어 공부부터 해야 한다'고 강력하게 권한다. 다른 사람들의 정서적 고충과 심리적 어려움을 매일 상담해주는 전문인들도 수시로 공부해야 하는 것이라면, 우리도 괜찮은 거울부모가 되기 위해 목표를 세우고 계획적으로 노력을 기울여야 하지 않을까?

먼저 공책을 하나 마련한 다음, 당신의 아이가 느낌을 표현하는 단어로는 어떤 것이 있는지 적어보자. 아이와 의도적으로 대화를 하고, 아이의 이야기를 귀담아듣는 것이 좋다.

"숙제가 너무 많아서 힘들어."

"친구가 다른 친구에게 내 욕을 해서 정말 짜증 나."

"엄마가 너무 늦게 와서 무서웠어."

"제일 친한 친구인데 전학을 가서 너무 슬퍼."

아이가 감정적인 표현을 한 뒤에 부모의 가슴이 어디에 머무느냐에 따라서 거울부모의 향방이 결정된다. 가슴을 비추지 않는 부모와 가슴을 비추는 거울부모의 경우를 비교해보자.

아이 숙제가 너무 많아서 힘들어.

부모(1) 너만 숙제하는 것 아니잖니. 다른 아이들도 그렇게 불평하니?

부모(2) 숙제가 많아서 다 못할까봐 부담스럽고 버거운 거구나, 우리 딸.

아이 친구가 다른 친구에게 내 욕을 해서 정말 짜증 나.

부모(1) 무슨 욕을 했는데? 네가 먼저 욕한 건 아니고?

부모(2) 저런, 짜증 나겠다. 속상하고 분하기도 할 것 같은데.

아이 엄마가 너무 늦게 와서 무서웠어.

부모(1) 뭐가 무서워, 다 큰 애가. TV 보고 있지 그랬어.

부모(2) 밖이 캄캄하고 늦은 시간에 혼자 있으면 으스스한 기분이 들긴 하지. 귀신이라도 나올까봐 조마조마했겠구나.

아이　　제일 친한 친구인데 전학을 가서 너무 슬퍼.

부모(1)　가끔 만나면 되지, 뭐. 그리고 친한 친구가 걔 하나밖에 없니?

부모(2)　그래? 많이 친하게 지냈었는데. 그 친구가 옆에 없으면 허전하고
　　　　　물적해지겠다.

　아이가 자신의 감정을 어렵사리 표현했음에도 부모(1)은 아이의 가슴을 제대로 비춰주지 않고 있다. 그러면 아이는 자신의 느낌을 자연스럽게 드러내는 것을 배우지 못하고, 감정을 표현하는 것도 어색해한다. 반면 부모(2)는 아이가 표현한 감정을 놓치지 않으며 거울로 비춰주고 있다. 특별한 점은 아이가 표현한 감정단어를 그대로 따라 하지 않는다는 것이다. 부모(2)의 거울은 아이의 감정을 좀 더 구체적으로 느끼려고 애쓰고, 그것을 다르게 표현하며 아이의 감정을 비추고 있다. 이것이 제대로 된 미러링이다. '짜증'이나 '화'를 낼 때는 아이가 자신의 마음속 지하실에 다른 감정이 있다고 신호를 보내는 경우일 때가 많다.

　주전자의 물이 부글부글 끓으면 주전자 뚜껑은 들썩들썩거린다. 우리는 그것을 보고 주전자 안의 물이 끓고 있음을 알 수 있다. 뚜껑이 들썩거린다고 '깜짝 놀랐다'고 화를 내며 주전자에서 그것을 떼어내는 사람은 없다. 뚜껑은 잘못한 것이 없기 때문이다. 그런데 왜 우리는 '뚜껑 열린다'며 화를 내는 아이에게 '대체 왜 짜증이냐'며 그 속감정을 무시하는 것일까? 아이의 짜증이란 가슴 깊

은 곳에 숨겨져 있는 친구로부터 받은 상처, 배신감, 억울함 등이 끓고 있다는 점을 표시해주는 고마운 감정임을 기억해야 한다. 그리고 속 끓는 감정은 거울부모의 미러링 공감이 아니면 결코 밖으로 드러낼 수 없는 경우가 대부분이다.

부모(2)와 같이 바람직한 거울부모가 되기 위해서는 부모도 전문 상담사처럼 감정단어를 많이 확보하고 있어야 한다. 그래야 아이가 표현하는 느낌을 좀 더 상세하게 조명해줄 수 있기 때문이다. 감정을 나타내는 단어의 다양한 표현을 살펴보자.

- "힘들어요"의 다른 표현에는 어떤 것들이 있을까?

  부담스럽다 | 긴장되다 | 전전긍긍하다 | 난처하다 | 자포자기하다 | 세상이 싫다 | 귀찮다 | 지겹다 | 막막하다 | 끔찍하다 | 미칠 것 같다 | 피하고 싶다 | 짓눌리다 | 숨 막히다 | 죽을 것 같다 | 초라하다 | 풀이 죽다 | 신경질 나다 | 작아지다

- "짜증이 나요(화가 나요)"라는 말은 다음과 같이 쓸 수도 있다.

  열 받는다 | 피가 끓는다 | 불쾌하다 | 언짢다 | 약 오르다 | 분하다 | 속상하다 | 넌더리 나다 | 못마땅하다 | 불만스럽다 | 찝찝하다 | 괘씸하다 | 원망스럽다 | 꼴 보기 싫다 | 떨떠름하다 | 쓰라리다 | 얄밉다 | 어이없다

- "무서워요(불안해요)"의 다양한 표현들.

  조마조마하다 | 애간장이 타다 | 전율을 느끼다 | 소름 끼치다 | 두근두근
  하다 | 위태하다 | 기가 막히다 | 조급하다 | 긴장되다 | 당황스럽다 | 초조
  하다 | 멍하다 | 큰일 날 것 같다 | 섬뜩하다 | 참담하다 | 심장이 멈추는 듯
  하다 | 몸서리치다 | 혐오스럽다

- "슬퍼요"라는 단어도 다양하게 쓸 수 있다.

  서운하다 | 허전하다 | 처량하다 | 울적하다 | 위축되다 | 허탈하다 | 애끓
  다 | 가슴 아프다 | 맥 빠지다 | 비참하다 | 침울하다 | 적적하다 | 공허하다
  | 가슴이 뻥 뚫린 것 같다 | 애석하다 | 서글프다 | 암담하다 | 무기력하다 |
  뭔가 잃은 듯하다 | 절망스럽다 | 버려진 듯하다

거울부모는 아이의 가슴을 잘 비출 뿐만 아니라, 그에 대한 느낌을 다시 이름을 붙여 미러링해주는 역할까지 할 수 있어야 한다. 이러한 역할이 왜 중요한지 다음 대화를 살펴보자.

아이 　숙제가 너무 많아서 힘들어요.

부모(1) 　너만 숙제하는 것 아니잖니? 다른 아이들도 그렇게 불평하니?

아이 　불평하는 것 아니에요!

부모(1) 　불평하는 게 아니면 뭐니? 다 너를 위해서 하라는 거야! 엄마 위해
서 공부하라는 것 아니잖아.

아이   알았어요. 열심히 하면 되잖아요.

부모(1)   결국 잘할 거면서 넌 꼭 그렇게 한마디씩 하더라.

아이   알았어요. 다음부터는 찍소리하지 않고 할게요. 됐죠?

부모(1)   그럼 오죽이나 좋겠니. 그렇게 착하면 업고 다니지!

아이   숙제가 너무 많아서 힘들어요.

부모(2)   다 못할까봐 부담스럽고 버겁겠구나, 우리 딸.

아이   그래서 건성건성 하게 되는 것 같아요.

부모(2)   건성건성 하게 될 때 기분이 어때? 왠지 불안한 것 같은데……. 어떠니?

아이   그런 것 같아요. 하려면 확실하게 해야죠. 그런데 워낙 숙제의 양이 많다 보니…….

부모(2)   숙제를 완벽하게 하고 싶은데, 너도 모르게 대강하게 되어서 못마땅한 모양이구나. 어때?

아이   네. 힘은 많이 드는데, 다 하고 나서도 왠지 잘못하고 있다는 생각만 들어요.

부모(2)   다 하고도 그렇게 기분이 찝찝하니 얼마나 속상하니? 네가 완벽하게 해야겠다는 생각만 너무 많이 해서 그런 것 같은데.

아이   그런가? 그래도 숙제인데 다 하는 게 중요하잖아요.

부모(2)   엄마는 네가 숙제를 열심히 하려고 하는 자세가 더 고맙고 대견해. 오늘은 네가 할 수 있을 만큼만 즐겁게 해보지 않을래? 그래도 영 불쾌하면 또 얘기하고!

두 부모의 차이는 무엇일까? 부모(1)은 아이의 가슴에 전혀 관심이 없기 때문에 결국 불평하는 것은 나쁘다며 일방적인 대화를 진행했다. 심지어 '찍소리 않고' 숙제하는 일이 부모에게 '착한 아이'로 인정받는 길이라는 잘못된 확인까지 해주었다. 부모와 이런 대화를 나눈 아이는 앞으로 자신의 가슴 안에 일어나는 어떠한 느낌도 부모와 나눌 필요가 없으며 나누어서도 안 된다는 생각을 가지게 될 것이다.

부모(2)의 대화에서 나타난 바와 같이 완벽주의적인 성향 때문에 과중한 과제를 불안하고 찜찜하게 느끼는 아이의 내면의 느낌은, 부모(1)과 같은 사람을 만나면 드러나지 못하고 결국 마음속 지하실에 숨겨진다.

문제는 애써 숙제를 마치고도 여전히 만족스럽지 못한 느낌 때문에 스스로의 능력을 긍정적으로 평가할 수 없다는 점이다. 이런 아이는 앞서 말한 것처럼 마음의 지하실에 있는 먼지 묻은 거울에 자신을 비참한 패자의 모습으로 비추어보기 마련이다.

그야말로 거울부모의 표본이라 할 수 있는 부모(2)는 대화마다 아이의 가슴을 비추기를 멈추지 않는다. "부담스럽고 버겁겠구나", "불안한가 보다", "못마땅한 모양이구나", "기분이 찜찜하니 얼마나 속상하겠니?", "영 불쾌하면……" 등 쉬지 않고 다양한 표현으로 아이의 가슴을 비춘다. 감정단어에 대한 부모의 평소 실력이 드러나는 순간이다.

중요한 것은 이렇게 아이의 가슴을 비추기 시작하면 아이가 자신의 가슴을 서서히 열어 보인다는 점이다. 가슴높이가 맞춰지는 순간이다. 이때 아이의 감정을 정확히 알아맞히겠다고 독심술을 쓰면 안 된다. 부모가 실컷 공감한 후 "내 말이 맞지?" 혹은 "엄마가 네 기분 잘 알아맞히지?"라며 확인하려 들면 아이는 금방 마음을 닫는다. 공감의 완성은 아이가 더 많이 자신의 감정을 표현할 수 있도록 끝을 열어두는 것이다. "왠지 불안한가 보다. 어떠니?" 하고 말이다.

이러한 조율attunement의 과정이 있어야 아이의 가슴 속 깊은 곳에 있는 진짜 감정과 만날 수 있다. 단순히 숙제의 분량에 대한 불평이 아니라 완벽주의적인 성향 때문에 강박적으로 불만족스러워하고 불안해하는 내면의 깊은 느낌은, 거울부모의 공감 미러링 기법이 아니면 결코 드러나지 않았을 것이다.

이러한 공감이 이루어지려면 부모가 감정단어를 자유롭게 구사할 수 있어야 한다. 이 책에서 소개한 단어 외에도 느낌을 표현하는 단어들이 얼마나 많은지 찾아보고, 자신만의 감정단어 공책을 만들어보자. 단어를 외워서 쓰라는 것이 아니다. 무엇보다 아이의 감정을 피부 깊숙이 느끼려는 태도가 우선되어야 한다. 부모가 아이의 감정을 자신의 가슴으로 절절하게 느낄수록 표현은 더욱 구체화된다. "엄마가 느끼기에는 무인도에 혼자 남은 기분이겠다", "아빠가 보기에는 정말 발가벗겨진 느낌이었을 것 같은데……" 등과 같이 말이다.

충분히 공감한 후, 새로운 조명을 비춰라

이러한 공감 기법이 부모에게 꼭 필요한 이유는, 아이가 혼자 내려가기 싫어하는 마음속 지하실에 함께 갈 수 있는 동반자가 되어주기 위해서다. 앞에서 마음속 지하실에는 먼지 속에 파묻힌 거울이 있다고 했는데, 거울부모는 아이가 이 거울 속의 왜곡된 자신의 모습을 건어낼 수 있도록 새로운 조명을 비춰줘야 한다.

앞에서 예로 든 대화 속 아이는 숙제를 마치는 데 급급해 대강대강 해치우면서 생기는 불안과 자신에 대한 불만족을 마음속 지하실에 혼자 숨길 수도 있다. 부모(1)과 같은 거울을 만나면 당연히 감정을 지하실에 꽁꽁 감출 뿐 아니라, 감정을 느끼지 않으려고 좀 더 강박적으로 변한다. 또한 완벽성을 추구하는 것이 중요하다고 생각하며, 작은 성공에는 결코 만족할 수 없는 성격으로 바뀌어 갈 것이다.

그러나 거울부모는 아이가 마음속 지하실에 감춘 느낌과 자기인식을 바꿀 수 있도록 그곳에 함께 머물면서 아이를 새롭게 조명할 수 있다. 부모(2)의 마지막 말을 다시 보자.

> **부모(2)** 엄마는 네가 숙제를 열심히 하려고 하는 자세가 더 고맙고 대견해. 오늘은 네가 할 수 있을 만큼만 즐겁게 해보지 않을래? 그래도 영 불쾌하면 또 얘기하고!

왠지 속상하고 찜찜한 아이의 느낌을 충분히 비춰주고 그것에 공감한 부모는 새로운 조명을 비출 수도 있다. 아이가 자신의 긍정적인 모습을 발견할 수 있도록 칭찬해주는 것이다. 숙제를 다 하지 못했어도 고맙고 대견하다고 인정해주는 칭찬의 말은 아이에게 매우 중요하다.

이처럼 아이의 새로운 모습을 비추는 부모의 조명은, 과정의 즐거움을 잊은 채 강박적으로 완성만을 추구하던 아이가 자신의 다른 면을 발견하고 발전할 수 있게 만든다. 거울부모라면 칭찬보다 충분한 공감이 늘 선행되어야 한다는 점을 기억하자.

또한 거울부모는 아이의 감정을 통제하지 않는다. "앞으로는 불평하지 마!"라고 엄포를 놓은 부모 앞에서 아이가 불평하지 않는다고 불만이 해결된 것은 결코 아닐 것이다. 때문에 거울부모는 아이가 불쾌한 감정이 있으면 언제든지 자신의 거울이 열려 있음을 확인시켜준다.

아이의 감정을 부정해서는 안 된다

많은 사람이 성격은 타고나는 것이라고 믿는다. 물론 선천적으로 타고나는 기질이 있긴 하지만 성격은 물리적·정서적 환경에 크게 영향을 받는다. 부모가 어떻게 거울 역할을 하느냐에 따라 아이의 성격이 만들어지는 것이다.

초등학교에 막 입학한 아이가 짜장면을 먹으면서 한 숟가락씩 먹을 때마다 휴지로 입을 닦는다. 한 번 닦은 것은 다시 쓰지 않으니 식탁에는 휴지가 수북하다. 적당히 닦으라고 부모가 화를 내도 아이의 행동은 바뀌지 않는다. 이러한 습성은 아이가 태어날 때부터 가졌던 것일까? 아니면 학습에 의해 만들어진 것일까?

이런 경우는 대부분 아주 어린 시절부터 그 아이를 비춰준 부모의 거울과 연관이 있을 가능성이 크다. 이유식을 먹기 시작하던 때로 거슬러 올라가보자. 아이가 입에 잔뜩 뭔가를 묻혔을 때 부모는 어떤 표정이었을까? 아이의 입에 조금이라도 묻으면 안절부절못하면서 닦아주기에 여념이 없는 부모의 거울에 비친 아이의 모습을 생각해보라. 이것도 거울놀이의 원리와 같다. 아이가 부모를 통해 자신을 어떻게 비춰보고, 자신에 대해 어떠한 느낌과 생각을 만들어갈지 생각해보면, 부모는 웃지 않는 까꿍놀이를 한 셈이다.

문제는 이런 거울놀이를 경험한 아이들이 자신만의 지하실에서 엉뚱한 자신의 모습을 비춰보고 있을 가능성이 크다는 점이다. 쉴

새 없이 닦아대는 모습을 비추는 거울 앞에서 아이는 그렇게 하지 않으면 자신은 불결하다는 생각을 갖기 쉽다. 게다가 툭하면 "넌 왜 그렇게 지저분하니?" 하고 거울로부터 핀잔을 들었다면 이런 생각은 더더욱 확고해진다. 어느새 아이의 마음속 지하실 거울에는 '더러운 한 아이'가 비치게 된다.

아이가 마음속 지하실에 있는 먼지 낀 거울에 왜곡된 자신의 모습을 비추도록 한 사람도 부모이고, 그 거울에 비친 왜곡된 모습을 지우도록 도와줄 수 있는 사람 역시 부모다. 다음을 통해 아이와의 공감대화를 다시 한 번 연습해보자.

부모 그렇게 자주 냅킨으로 닦는 것을 보니 입에 뭔가 묻어 있는 게 불편한 모양이구나.

아이 몰라. 그냥 닦는 거야.

부모 그래? 한번 닦지 말아볼래? 그리고 어떤 느낌인지 알아보자.

아이 (두세 번 먹다가 다시 휴지로 닦는다.) 그냥 닦을래.

부모 입에 뭐가 묻어 있으면 괜히 찝찝하고 불결하게 느껴지는 것 같은데, 엄마 봐! (짜장면을 함께 먹으며) 엄마는 입에 짜장면이 묻어 있으면 신이 나. 짜장면은 원래 묻히면서 먹어야 제맛이거든. 닦는 거야 다 먹고 난 다음에 닦으면 되지. 다 먹고 나면 섭섭하지만 배부르게 먹었으니까, 또 기분이 흐뭇해지거든.

아이 안 닦는데도 기분이 좋아? 난 그러면 좀 이상한데?

부모 그럼 한 번 해봐! 엄마는 이렇게 짜장면 먹을 때가 가장 기분이 느긋하고 좋아. 닦느라고 정신이 없으면 더 짜증이 나더라고! (열심히 묻히면서 먹는다.)

아이 와, 엄마 웃긴다! 나도 해봐야지.

거울부모의 특징은 앞서 이야기한 대로 아이의 감정을 부정하지 않는 것이다. "뭐가 찝찝해서 그러니?", "좀 묻어도 괜찮아" 하고 아이의 느낌을 무시해버리는 부모는 결코 아이와 가슴높이를 맞출 수 없다. 앞의 예에서 거울부모는 아이의 감정을 부정하지 않고, 짜장면을 먹는 자신의 감정을 설명했다. 그동안 거울이 보여준 모습과 다른 모습을 비춰주기 위함이다. 이러한 새로운 거울의 등장은 아이에게 자신을 달리 비춰볼 수 있는 계기를 제공한다.

짜장면 먹을 때마다 휴지 때문에 한바탕 전쟁을 치렀던 엄마는 이처럼 아이와 공감하며 함께 먹는 경험을 서너 번 가진 뒤 달라진 아이의 모습을 발견할 수 있었다. 음식을 묻히면서 먹으면 안 된다는 강박에서 벗어나 마음의 여유를 되찾은 아이는, 입가가 지저분해져도 상관하지 않게 되었다. 이렇듯 마음속 지하실의 먼지를 걷어낼 수 있는 가장 좋은 방법은, 부모의 공감이 바탕이 된 새로운 거울놀이다.

감정단어를 사용하여 아이와 공감하기

거울부모는 자신의 생각으로만 아이를 판단하지 않고, 먼저 아이의 감정에 귀 기울인다. "너만 힘든 것 아니야", "괜찮아" 하고 아이의 감정을 부정하는 부모는 결코 아이와 가슴높이를 맞출 수 없다. 공감 기법의 첫 번째 단계는 아이의 마음속 감정을 헤아리고, 그 느낌을 자연스럽게 비춰주는 것이다.

두 번째 단계는 아이의 감정에 대해 구체적인 이름을 붙여주는 것이다. 이를 위해 부모는 많은 감정단어를 숙지하고 적절하게 사용할 수 있도록 연습해야 한다. 진정한 공감을 이룰 때까지 아이의 가슴을 지속적으로 비추고 다양한 표현으로 조율해야 하기 때문이다. 마지막 단계는 아이가 자신의 마음속 지하실 감정까지 내려

갈 수 있도록 부모가 곁에서 동행하는 것이다. 이때 부모의 독심술
은 금물이다.

1. 평소에 자신이 자주 사용하는 느낌에 대한 단어, 즉 감정단어를
   적어보자. 쉬지 않고 스무 개 이상 적을 수 있다면, 당신은 거울부
   모가 될 기반을 갖추고 있다고 할 수 있다.

2. 평소 아이가 자신의 감정을 어떻게 표현하는지 알고 있는가? 자,
   지금 아이와 의도적으로 대화를 나누고, 당신의 아이가 자유롭게
   감정을 표현하고 있는지 꼭 확인해보자.

아이와 감정을 가지고 대화하는 것은 쉽지 않은 일이다. 아이
가 짜증이나 화를 내는 경우 부모는 그 상황을 두려워하고 어떻게
든 흥분된 감정의 불을 끄려고 하는 경우가 대부분이기 때문이다.
다음에 나오는 공감의 세 단계 원칙을 염두에 두고 대화를 시작해
보자.

1단계 : 마음속 지하실의 감정 느끼기
아이가 감정단어를 쓰지 않고 말할 때도 온갖 감정이 감추어져
있는 경우가 있다. 이럴 때는 부모가 스스로 먼저 아이의 지하실에

내려가 그 감정들을 느껴보라. 예컨대 "친구가 내 이야기를 나쁘게 하고 다니는 것 같아"라는 말에는 감정이 실려 있지 않지만 마음속 지하실에는 많은 감정이 숨겨져 있을 법하다. 그 감정을 느껴보는 단계다.

2단계 : 느낌에 이름 붙여 말하기

부모가 아이의 마음속 지하실에 있을 만한 감정 하나에 이름을 붙여 아이에게 건넨다. 이때 "엄마(아빠)가 느끼기에는……"으로 시작하며, 엄마나 아빠가 아이의 감정을 대신 느끼고 공감하고자 조율을 시도한다. 아이의 감정을 정확히 알아맞히려 하기보다 "친한 친군데 얼마나 놀랐니?", "참 많이 속상했겠다", "사실과 다르게 이야기하고 다녔다면 참 억울했겠는걸" 등 부모가 먼저 다양한 감정을 느끼고 아이와 함께 조율하기 위해 노력하는 모습을 보이면 된다.

3단계 : 마음속 지하실에 함께 내려가기

아이의 마음속 지하실로 함께 내려가기 위해 아이와 지속적으로 조율하는 단계다. 이때 주의할 점은 감정을 알아맞히려고 하거나 부모가 맞았는지 확인하지 말고, 아이가 느끼는 감정을 스스로 좀 더 많이 말하도록 끝을 열어놓는 것이다. 가장 좋은 개방형 미러링 질문 방법은 "엄마(아빠)가 느끼기에는 참 억울했을 것 같은데, 너는 어땠니?"라고 되묻는 방식이다. "억울했지? 내 말 맞지?"라고 하면 지하실 동행은 실패로 끝나고 만다.

    하루에 한 번 이상씩 꼭 공감의 세 단계 원칙을 바탕으로 대화를 시도하다 보면 하루가 다르게 아이와 대화 중 감정을 다루는 빈도와 깊이가 달라짐을 경험하게 될 것이다. 아이가 중·고등학생이거나 이미 대학생이 되었다면 진행이 잘 안 될 수도 있다. 15년, 20년이 넘도록 하지 않던 대화 방식이니 어색하고 불편할 것이 당연하기 때문이다. 그러나 포기하지 말고 시도해보자.

    앞으로 아이와 함께 살 날이 더 많다면, 그리고 부모와의 공감대화가 아이에게 평생토록 영향을 미친다면, 늦었다고 생각했을 때가 가장 빠른 때다. 또한 앞서 강조한 대로 아이가 자신의 감정을 자유롭게 표현하는 것을 돕기 위해 부모는 감정단어를 꾸준히 연습해야 한다. 아이가 사용한 감정단어를 그대로 반복하지 말고, 좀 더 구체적이고 다양하게 표현해주는 것이 좋다. 아이의 가슴속 감정을 비춰주기 위해서 감정단어 목록을 집 안 곳곳 잘 보이는 곳에 붙여놓고 반복해서 연습하자.

10

거울부모가
행복한 아이를 만든다

진정한 거울부모는 아이 주위의
타인까지도 비출 수 있어야 한다.
그래야 아이도 자신의 주위를 밝게 비추는
거울아이로 거듭날 수 있다.

미국의 한 어머니가 아들을 전쟁터에 보냈다. 어머니는 아들이 무사귀환하기만을 손꼽아 기다렸다. 아들의 편지를 기다렸으나 연락이 두절된 채 여러 해가 흘렀고, 마침내 전쟁이 끝나자 기다리던 아들에게서 반가운 편지가 한 장 날아왔다.

　어머니의 감격은 이루 말할 수 없었다. 아들은 전쟁 중에 무사히 목숨을 건졌다는 이야기와 함께 곧 귀향할 것이라는 반가운 소식을 전했다. 그런데 편지의 말미에는 한 가지 어머니의 의중을 묻는 내용이 적혀 있었다. 전쟁 중에 만난 동료 한 명이 그만 두 다리를 잃었는데, 그 친구는 달리 돌봐줄 가족이 없으니 어머니가 괜찮다면 집으로 데리고 와 함께 살았으면 한다는 내용이었다. 그리고 어머니의 뜻이 어떠한지를 속히 짧은 속달우편으로 알려달라고 했다.

어머니는 아들의 귀환 소식이 기쁘긴 했지만, 몸이 불편한 아들의 친구를 돌보며 살아야 한다는 일이 영 탐탁지 않았다. 고민하던 어머니는 짧은 답장을 보냈다.

"아들아! 너무 보고 싶다. 빨리 오너라. 하지만 그 불구자 친구는 함께 데려오지 않았으면 좋겠다. 이 늙은 어미가 그런 불구자를 평생토록 돌볼 수는 없단다."

기다리던 아들이 오기로 한 날이 되었다. 하지만 어머니는 이웃 청년들이 돌아오는 행렬 속에서 아들을 찾을 수 없었고, 대신 전보 한 통을 받았다. 거기에는 아들이 최근 자살했다는 청천벽력 같은 소식이 담겨 있었다. 할 말을 잃고 주저앉아 있는 어머니에게 아들의 동료라는 한 청년은 아들이 전쟁 중에 두 다리를 잃었다는 얘기를 전했다. 어머니는 무너지는 가슴을 부여안고 그만 실신하고 말았다.

진정한 거울부모는 내 아이만 비추지 않는다

앞에 소개한 충격적인 이야기는 우리에게 많은 것을 생각하게 한다. 왜 아들은 처음부터 자신이 두 다리를 잃었다는 사실을 어머니에게 있는 그대로 전하지 못한 걸까? 혹시 '착한 아이 콤플렉스'를 갖고 있던 것은 아닐까? 아들은 과거에 어머니라는 거울에 자신의 있는 모습 그대로가 아닌, '착한' 모습만을 비춰왔을 수 있다. 그래서 이제는 어머니에게 무거운 짐이 될 자신의 모습을 어떻게 거울에 비춰볼지 심히 고민했을 것이다. 하지만 더 이상 '착한 아이'의 모습이 아니라 망가지고 비참한 모습을 비춰야 한다고 생각하니 자기 자신을 아예 포기하고 싶다는 극한 생각에 이르렀고, 어머니께 편지를 한 통 보냈을 수 있다. 그러나 그만 그 편지에 담긴 어머니의 거울에는 자신이 더 이상 착한 아들이 아닌, 남은 평생 어머니의 속을 썩일 못된 아들로만 비치고 말았던 것이다.

어머니의 거울에는 어떤 문제가 있던 것일까? 우리 주위에는 오직 자신의 아이만을 비추는 외골수 거울이 너무 많다. 이런 거울에 비치는 아이는 비뚤어진 사랑의 모습을 담고 있기 쉽다. 모든 거울이 자신만을 비추고 모든 주목과 관심을 혼자 소유하기를 바라기 때문에, 다른 사람이 나보다 더 많은 인정과 조명을 받으면 어쩔 줄 몰라 한다.

부모의 거울은 타인에게도 내 아이에게 보내는 것과 같은 주목과 관심을 비출 수 있어야 한다. 유태인 철학자 마르틴 부버Martin Buber는 『나와 너』라는 책에서 '나'란 그 자체로 존재하는 것이 아니라 '나와 너'의 관계 속에 존재함을 역설하면서, '나와 그것(I-it)'의 관계로 치우치는 태도를 경계한다. 그는 이 책을 통해 인간은 홀로 존재할 수 없고, 오직 서로를 비추고 서로에게 비치는 관계로 존재한다는 것을 철학적으로 잘 설명해준다. 거울부모는 누구에게나 '나와 너'의 관계를 비추는 부모다. 아이에게는 '나와 너'의 관계인데도 아이가 아닌 타인에게는 '나와 그것'의 관계를 가진다면 그 거울은 거울로서의 기능을 이미 상실한 것과 같다.

가슴높이를 맞추는 훈련은 아이에게서 타인에게로 진행되어야 한다. 우리 아이가 타인의 가슴을 비추는 부모의 거울에 자신을 비춰볼 수 있도록 말이다. 전쟁터에 나간 아들의 편지를 받은 어머니가 다음과 같은 전보를 칠 수 있었다면 얼마나 좋았을까?

"아들아, 친한 동료가 두 다리를 잃는 사고를 당했으니 얼마나 큰 충격을 받았을지 짐작이 간다. 지금이야말로 가장 관심과 돌봄이 필요한 때니 네가 그 친구의 도움이 될 수 있다면 좋겠다."

진정한 거울부모는 자기 아이의 가슴뿐 아니라 아이 주위의 친구들과 타인까지도 비출 수 있어야 한다. 그래야 아이도 진정 자신의 주위를 밝게 비추는 거울아이로 거듭날 준비를 하게 되기 때문이다.

앞서 우리는 게임을 통해 폭력을 연습하는 아이들의 문제를 되짚어보았다. 온라인 커뮤니티 문화에 익숙한 아이들은 익명성을 무기 삼아 다른 사람에게 극악한 폭언도 서슴지 않는다. 이런 종류의 폭력은 일상에서 너무도 쉽게 자행되지만 그 피해는 실로 심각하다. 무자비한 악성 댓글로 사이버 테러를 당해 목숨까지 끊는 이들이 해마다 증가하고 있지 않은가. 나는 인터넷 누리꾼들에게 필요한 교육이 무엇일까 스스로 고민해본다. 이들에게 가장 필요한 것은 아마도 다른 사람의 가슴을 비출 수 있는 공감 능력이 아닐까? 오늘날 우리 아이들이 보이는 공격적인 모습은 우리네 가정에서부터도 공감에 대한 연습이 절대적으로 부족한 결과일지 모른다.

아이 마음을 비추는 공감과 소통의 대화

거울부모를 만난 아이는 자신의 가슴높이에서 부모와의 공감을 경험한다. 공감은 '나와 너' 사이에서 함께 경험하는 존재의 느낌이다. 부모와 공감을 경험한 아이는 스스로도 좋은 거울이 되어 다른 사람과 공감을 이룰 수 있다. 앞에서 나는 '대한민국에 왕자와 공주 같은 아이들만 있다면 앞으로도 수많은 왕따가 생겨날 것'이라고 말했는데, 집단 따돌림 문화를 조금이라도 바꿀 수 있는 가능성은 가정에서의 부모 역할에 달려 있다고 할 수 있다.

예를 들어보자. 초등학교에 다니는 아이라면 벌써 좋은 친구와 싫은 친구를 뚜렷하게 나누기 시작하는데, 그에 대해 부모와 다음과 같은 대화를 나눌 수 있다.

아이 우리 반에 정말 재수 없는 애가 있어!

부모 재수 없는 애라니? 어떤 앤데?

아이 내 친구들이랑 얘기하고 있으면 괜히 와서 날 툭 치고 가. 불러도 대답도 안 하고. 정말 왕재수야!

부모 남자야?

아이 아니, 여자야. 여자들은 걔 다 싫어해. 얘기도 안 해.

부모 너희가 얘기를 안 해주니까 화가 나서 그러는가 보지.

아이 아냐! 걔는 우리랑 안 놀고 남자애들이랑만 놀아! 그리고 남자애들한테 내 얘기를 나쁘게 한단 말이야. 정말 짜증 나!

부모 그걸 어떻게 알아?

아이 남자아이 한 명이 얘기해줬어. 내가 뭐 다른 여자애들한테 걔를 왕따시키라고 했다나?

부모 네가 정말 왕따시켰어?

아이 아니! 정말 왕짜증이야! 그냥 여자애들은 걔를 다 싫어해!

부모 그럼, 그 남자아이에게도 아닌 것은 아니라고 하고, 여자아이에게는 그러지 말라고 확실하게 얘기해. 괜히 너만 바보같이 끙끙 앓지 말고.

위의 대화에서 부모는 아이로부터 그 친구에 대한 정확한 정보나 자초지종을 듣기에 바빠서 아이의 감정을 비추는 일은 그만 까맣게 잊어버렸다. 친구의 성별이나 왕따가 된 과정보다 중요한 것은, 어떤 점이 아이의 가슴을 흔들어놓았는지를 먼저 헤아리는 것이다. 친구의 가슴을 함께 느끼는 데 있어 가장 중요한 절차는 아이 스스로 자신의 가슴을 제대로 비추는 일이기 때문이다.

다음 대화를 보자.

아이 우리 반에 정말 재수 없는 애가 있어!

부모 재수 없는 애라니? 그 친구의 행동에 네 마음이 거슬릴 때가 있는 모양이구나.

아이 정말 왕재수라니까!

부모 얼마나 불쾌했으면 그렇게 말하는지 좀 더 구체적으로 말해볼래?

아이 걔는 애들이 다 싫어해!

부모 그래? 그렇게들 다 싫어해? 그러면 무엇이 너를 가장 힘들고 기분 나쁘게 하는지 얘기해볼래?

아이 걔는 여자애들하고는 안 놀고 남자애들이랑만 놀아. 그리고 남자애들한테 내 얘기를 나쁘게 한단 말이야. 정말 짜증 나!

부모 아마 사실이 아닌 이야기를 들어서 네가 마음이 상하고 분한 모양이구나.

아이 정말 화가 나! 왜냐하면 내가 제일 좋아하는 남자아이가 나한테 얘기해줬는데, 내가 다른 애들더러 걔를 왕따시키라고 말했다는 거야!

부모 네가 좋아하는 남자아이에게 오해받는 것 같아 더 속상한가 보구나.

아이 걔는 왜 없는 이야기를 만드냔 말이야!

부모 그래, 네가 어이없어하는 것이 이해가 된다. 좋아하는 남자아이에게 좀 더 좋은 인상을 주고 싶은 마음 때문에 더 불쾌할 거야. 네가 싫어하는 남자아이라면 별로 신경 안 쓸 텐데 말이야.

아이 그야 그렇겠지.

부모 네가 싫어하는 친구도 사실은 너랑 좋은 친구가 되고 싶은데, 그게 잘 안 돼서 더 짜증 나는 게 아닐까? 그래서 못되게 굴기도 하고?

아이 그거야 모르지.

부모 오늘 우리가 얘기한 것처럼 그 친구랑도 네 느낌을 나눠보면 어떨까?

아이 어떻게?

부모 그냥 "네가 남자아이들뿐 아니라 우리랑도 놀았으면 좋겠는데, 그러지 않아서 그동안 많이 서운했어"라고 하면 되지 않을까?

비난은 아이가 자신의 감정을 있는 그대로 들여다볼 수 없을 때 가장 손쉽게 할 수 있는 행동이다. 위의 대화에서 부모는 아이의 친구를 향한 미움이나 원망을 비추기보다는, 그 친구의 어떠한 점이 아이의 가슴을 아프게 했는지 지속적으로 조명한다. 미숙한 부모는 아이가 다른 사람에 대해 가지는 분노에만 반응하고 함께 비난하는데, 이러한 조명은 오히려 아이와 친구 사이를 악화시킬 뿐이다.

남이 미운 것은 내가 그 사람에게 원하는 것이 있어서다. 한 친구가 미운 것은 그 아이가 자신과 더욱 친해지기를 원했는데, 그렇지 않기 때문이다. 내가 그 친구에게 기대하는 바가 있기에 미운 것이지, 그 친구가 무조건 미움받을 일을 했기 때문이 아니라는 뜻이다.

거울이 필요한 이유는 바로 그러한 내 기대와 욕구 때문이다. 즉 내게 일어나는 느낌을 보다 확실하게 비춰줄 수 있는 거울이 있다면 나 역시 상대의 마음을 비추고 공감할 수 있다. 왜냐하면 상대 역시 내게 똑같은 기대를 할 수 있기 때문이다. 먼저 내게 말을 걸어주기를, 내게 먼저 밝은 모습을 비춰주기를 말이다. 그러므로 내가 그 기대를 저버리면 그도 내게 분노할 수 있다는 점을 공감해야 한다.

거울부모가 되기 위한 다섯 가지 기본기

거울과 거울이 만나면 만화경이 된다. 만화경은 몇몇 개의 조각 거울의 반사각을 이용해 수많은 대칭과 미적인 조화를 만들어내는 광학 장치다. 이런 만화경과 같이 거울부모와 거울아이의 만남도 주위에 수없이 많은 대칭과 아름다움을 창조해낼 수 있다.

부모는 가정 내에서 자칫하면 소외될 수 있는 아이의 가슴을 가장 먼저 돌보는 거울이 되어야 한다. 이런 부모를 만난 아이는 그저 인정받기 위해 말 잘 듣는 '착한 아이'가 되기에 앞서, 솔직하고 편안한 가슴을 가진 '아이다운' 아이가 된다. 이러한 아이는 다른 사람의 가슴에도 관심을 가지고, 서로의 가슴을 나눌 수 있는 아이로 자란다. 거울부모를 닮아가는 거울아이는 만화경의 원리를 터득한 아이다. 환한 거울 속에서 밝게 자신을 만들어가는 아이는 다른 사람에게도 거울을 환하게 비춰서 수백 배, 수천 배 확장되는 따뜻함을 전할 수 있다.

거울아이의 탄생은 거울부모와의 꾸준한 예행연습이 있어야 가능하다. 가정에서의 거울놀이를 통한 아이와의 공감 경험이 중요한 것은 이 때문이다. 우리가 사는 세상을 밝게 만드는 일의 전초기지가 곧 가정이라는 말은 아무리 강조해도 지나치지 않다.

끝으로 거울부모가 주의해야 할 점을 몇 가지 당부하고자 한다. 아이의 삶을 밝게 비추는 진정한 거울부모가 되기 위해 마음에 새기고 함께 실천해보자.

첫째, 거울부모는 하루아침에 탄생하는 것이 아니라 매일 조금씩 완성되어가는 것이다. 처음부터 신속한 변화를 기대하지 말라.

둘째, 아이와 가슴높이를 맞추고 공감하는 거울놀이는 지금부터 시작해야 한다.

셋째, 아이에 대한 내 생각만 자꾸 앞서서 아이의 느낌을 비춰줄 수 없어도 거울부모가 되는 것을 포기하지 말라. 당연히 시간이 필요하다. 국어를 처음 배우는 초등학생의 마음으로 돌아가, 자유롭게 사용할 수 있을 때까지 감정단어를 꾸준히 익히자.

넷째, 내 아이를 거울아이로 만드는 것은 아이를 명문대에 보내는 것보다 중요한 일이다. 행복한 삶을 뒷받침해주는 것은 학벌이 아닌 마음의 건강이다. 아이가 명문대에 가도 마음속 지하실에는 자신을 가장 초라하게 비추는 거울을 가질 수 있음을 명심하자.

다섯째, 내 아이를 거울아이로 만드는 것은 세상을 환하게 만드는 데 필요한 첫 단추를 끼우는 소중한 일이다. 내 아이가 거울아이가 되지 않으면, 눈 하나 깜짝하지 않고 왕따를 만들어내는 왕자나 공주 혹은 아무런 죄책감 없이 엄청난 폭력을 행하는 놀이의 가해자가 될 수도 있음을 기억하자.

서약서를 작성하고 매일 연습하기

진정한 거울부모는 내 아이의 마음만 비추지 않는다. 아이 앞에서 늘 타인을 평가하는 부모, 아이와의 대화에서 타인의 감정에 전혀 공감하지 않는 부모는 편협한 거울 비추기를 하는 부모다. 이러한 부모 밑에서 자라난 아이는 공감하는 법을 배우지 못한다.

거울아이는 타인의 가슴에 공감하는 모습을 비춰주는 거울부모를 보며 다른 사람의 가슴에도 관심을 가지고 가슴과 가슴을 나눌 수 있는 아이로 자라날 것이다.

다음의 서약서를 아이와 함께 작성하고, 가족이 함께 볼 수 있는 곳에 붙여놓자. 그리고 수시로 쳐다보며 거울부모가 되도록 노력하자.

거울부모 서약서

나(우리 부부)는 나의 사랑하는 아이 ○○○의
감정을 무시하거나 나의 생각대로 판단하지 않고
가슴이 느끼는 것을 비추는
거울부모가 되겠습니다.

거울부모인 나를 닮아
나의 아이가 다른 사람의 가슴에도 관심을 가지고
가슴과 가슴을 나누는 사람으로 자라도록
늘 도울 것을 서약합니다.

_____ 년 ___ 월 ___ 일

서약인 _____
아이 _____

3부

내 아이에게
꼭 맞는
공감의 기술

01

병원 가는 것을
두려워하는 아이

부모의 거울이 아이의 감정을 제대로 비추면,
아이는 그러한 공감 경험을 통해
부모와의 놀이에 푹 빠지게 된다.

"싫어, 안 갈래! 지난번에 보니까 의사선생님이 막 아프게 해!"

아들 다함이가 처음 치과에 갈 때의 일이다. 누나 따라 치과에 갔다가 잔뜩 겁먹고 온 적이 있던 아이는 막무가내로 떼를 썼다. 부모 생각에는 특별히 아이들을 위한 시설과 서비스가 잘 갖춰진 아동전문병원일 경우 아이가 훨씬 거부감 없이 가리라고 생각하지만, 꼭 그렇지만도 않다.

최근 아이들만을 대상으로 하는 병원이 많이 생겨났다. 장난감도 수북이 가져다 놓고, 의사 선생님과 간호사들의 옷에도 아이들에게 친근한 만화 캐릭터나 귀여운 그림이 그려져 있고, 아이를 위한 간식을 준비해놓기도 한다. 하지만 이러한 요소들로 인해 아이들은 간혹 더 큰 당혹감을 느끼기도 한다. 병원은 놀고 싶어도 결코 아이들의 놀이터가 될 수 없는 곳이기 때문이다. 모니터에 보이는 만화영화에 눈이 가다가도, 주사 안 맞겠다고 울고 떼쓰는 다른 아이의 목소리라도 들리면 원인 모를 두려움에 휩싸일 수 있는 곳이 병원이다.

"왜 엄마랑 아빠는 안 가고 나만 가야 해?"

다함이는 아동전문병원만 가봤기에 어른들은 병원에 안 가는 줄로 알았던 것 같다. 그래서인지 목소리에 억울함이 잔뜩 묻어나왔다.

아이에게 엄마 아빠는 병원 가는 것이 무섭지 않다고 무조건 잡아뗄 필요는 없다. 우리 역시 치과 가는 것이 세상에서 제일 싫었던 어릴 적 느낌을 지금도 가슴에 간직하고 있지 않은가.

"엄마 아빠는 병원에 안 가고 너만 가라고 하니까 억울한 모양이구나. 아빠도 치과 가는 것은 정말 싫고 무서워. 하지만 무서워도 참고 가는 이유는 조금만 아플 때 가야 하기 때문이거든. 무섭다고 안 가면 나중에는 정말로 치과에서 아주 오랫동안 치료받아야 할지도 몰라. 그럼 더 아프고 무섭겠지? 다음에 아빠가 아파서 병원에 갈 때 다함이가 같이 가줄래? 그럼 아빠가 덜 무서울 것 같은데."

"알았어!"

나는 병원에 가는 것은 어른들도 하는 공통적인 일이라는 것을 아이가 받아들일 때까지 기다리기로 했다. 그리고 그다음부터는 병원에 갈 때마다 아들과 동행했다. 안과에도 함께 가고, 내과에도 함께 갔다. 그리고 치료를 받은 뒤에는 내 느낌을 아이에게 충분히 전했다.

"아빠도 병원에 오면 아픈 주사를 맞을까봐 겁이 나. 그래도 의사 선생님을 만나고 나니 이제 약 먹고 자면 감기가 나을 것 같아서 안심이 돼."

엄마 아빠가 병원 갈 때 몇 번 동행했던 아들은, 자신만 병원에 가는 줄 알고 느꼈던 소외감에서 그제야 벗어나는 듯했다. 하지만 이미 치과 가는 것에 대해 불쾌한 경험을 한 뒤여서, 좀 더 적극적인 부모의 도움이 필요했다.

나는 다함이와 놀이를 통해 병원에 가는 예행연습을 해보기로 했다. 이때 꼭 지켜야 할 첫 번째 요령은 아이의 감정을 그대로 비춰주는 거울부모가 되는 것이다. 어느 부모나 거울 되기를 잠시 잊으면 아래와 같은 대화를 할 가능성이 짙다.

부모 우리 병원놀이 할까?

아이 아니, 싫어! 병원은 무섭단 말이야!

부모 무섭기는 뭐가 무서워? 괜찮아! 그냥 장난으로 하는 거니까 아무렇지도 않을 거야!

아이 싫어! 재미없어! 안 할 거야!

　부모가 이런 반응을 보이면 놀이를 시작하기도 전에 아이는 흥미를 잃게 된다. 이유는 간단하다. 부모의 거울이 아이의 감정을 비추는 기능을 상실해서 망가졌기 때문이다. 하지만 부모의 거울이 아이의 감정을 제대로 비추면, 아이는 그 공감 경험을 통해 놀이 속에 빠져들게 된다.

부모 우리 병원놀이 할까?

아이 아니, 싫어! 병원은 무섭단 말이야!

부모 그럼, 무섭지. 무섭고말고. 쉽지는 않을 거야. 하지만 병원놀이를 아빠랑 같이 하면 덜 무섭지 않을까? 아빠도 무섭지만 다함이랑 같이 하면 덜 무서울 것 같은데.

아이 그래? 그럼 조금만 해볼까?

　놀이를 통한 예행연습에서 기억해야 할 두 번째 요령은 놀이 중에도 계속 격려와 칭찬을 아끼지 않는 것이다. 먼저 아주 작은 일에도 행동의 동기를 유발하는 것이 중요하다. 병원놀이의 경우 첫 장면을 병원이 아니라 아이에게 편안한 장소인 집으로 정해 자연스럽게 시작하는 것도 한 방법이다.

부모 다함이가 자다가 이가 아픈 거야. 너무 아파서 잠도 안 오고. 그럼 어떻게 하지?

아이 병원에 가야지.

부모 그럼 옷 입고 병원에 가야겠네?

아이 알았어! 무슨 옷을 입을까? 간편하게 운동복을 입어야지.

부모 와! 진짜 멋있다. 씩씩하게 옷 입는 모습이 정말 대단해!

　

나는 놀이 중에 다함이가 기분 좋게 집을 나서는 모습, 치과에 가는 도중에 만난 어른들에게 인사하는 모습 등을 지속적으로 칭찬했다. 치과에 가기 전까지 아이가 할 수 있는 아주 작은 일부터 칭찬하면 아이는 놀이 중에 자신의 모습을 당당하게 그려보는 기회를 가질 수 있기 때문이다.

예행연습에서 필수적인 그다음 요소는 역할 바꾸기다. 환자 역할을 하는 것보다 더 중요한 것은 다함이 스스로 의사 역할을 해보는 것이었다. 물론 환자 역할은 내가 맡았다.

　

부모 의사 선생님, 아프게 하실 거죠? 무서워요.

아이 아니에요. 걱정 마세요. 안 아프게 해줄게요.

부모 앗, 아파요! 일부러 아프게 하시는 거죠?

아이 아니에요. 다시 잘할게요. 조금만 참아요. 간호원! 안 아프게 하는 약 가져와요!

다함이는 환자인 내게 최선을 다하는 진지한 의사 역할을 잘해 냈다. 이러한 역할 바꾸기를 통해 다함이는 실제 상황에서 자신을 치료할 의사선생님에 대한 신뢰를 미리 경험하게 된 셈이다. 그제야 다함이에게 의사선생님은 일부러 아픈 주사를 놓는 악당이 아니라, 자신을 위해 최선을 다하는 고마운 분으로 새롭게 자리매김하게 되었다. 놀이를 성공적으로 마친 뒤 아이는 예전보다 훨씬 가벼운 맘으로 치과에 갈 수 있었다.

또한 다함이는 다섯 살이 다 될 때까지 미용실에서 머리를 감을 때마다 울고불고 소동을 벌였다. 눈에 물이 들어갈 것 같은 두려움 때문이었다. 이때도 집에서 아빠와 누나와 함께 했던 미용실놀이가 큰 도움이 되었다.

놀이 중에 직접 누나의 머리를 감겨줄 때는 눈에 물이 들어갈까 봐 조심하며 최선을 다하는 역할을 멋지게 연기했다. 그리고 얼마 후 다함이는 미용실에서도 거짓말처럼 얌전하게 머리를 감게 되었다.

뭔가를 하기 싫다고 떼쓰는 아이가 있다면 가슴높이로 느끼는 일부터 시작하자. 어른에겐 아무렇지 않은 일이라도 경험이 적은 아이에게는 어색하고 두려운 일일 수 있다. 많은 부모가 이런 감정을 너무 쉽게 부정하고 만다.

"무섭긴 뭐가 무서워!" "네가 아무리 싫어도 할 수 없어. 무조건 가야 해!" 심한 경우에는 안 그래도 두려운 감정에 휩싸인 아이에게 수치심까지 안겨주면서 존재감을 떨어뜨린다. "너 지금 몇 살인데 미용실도 제대로 못 가고 바보짓을 하는 거야? 창피해 죽겠다!"

세상 모든 아이가 가장 좋아하는 일이 놀이라고 하지 않는가. 그렇다면 가장 행복한 아이는 미러링 잘하는 거울부모와 놀이를 즐기는 아이가 아닐까. 특히 두려움과 공포에 빠진 아이에게 자신의 감정을 읽어주는 부모와의 놀이는 실전을 치르기 전 최고의 예행연습이 된다.

무엇보다 부모가 아이와 함께 하는 놀이의 근본적인 목적은 아이의 감정을 있는 그대로 '담아주는(containing)' 일임을 기억하자. 정신분석학자들은 이렇게 상대방의 감정을 담아줄 때 비로소 두 사람의 공간에서 치유가 시작된다고 설명한다. 이것이 바로 놀이의 마법이다.

02

학교 갈 준비를 안 하고
꾸물대는 아이

거울이 그동안 비췄던 잘못된 조명을 거두고,
새로운 모습을 보여주려 할 때는 공감이 필수적이다.

"예전에는 몰랐는데 이젠 스트레스가 쌓이고 참을 수 없을 정도로 화가 나요!"

　최근 자궁암 초기라는 진단을 받고 치료 중인 엄마의 하소연이다. 엄마는 아침마다 막내딸 상희와 벌이는 전쟁이 지긋지긋하다며 고개를 저었다. 엄마는 동네에서 작은 식당을 운영하고 있다. 초등학교 4학년인 상희는 중학교 3학년인 작은오빠와 고등학교 2학년인 큰오빠를 둔 집안의 막내로, 그야말로 모든 집안사람의 관심을 한 몸에 받는 공주다.

　"우리 애들은 깨우지 않으면 일어나지를 않아요. 남자애들은 그래도 커서 나아졌는데, 상희는 정말 구제불능이에요. 언제까지 이렇게 지내야 하는지 원!"

구제불능인 초등학생이라? 왜 엄마는 자신의 딸을 구제불능이라고 단정하는지 궁금해졌다.

"겨우 깨워놓으면 화장실 들어가서도 자고요, 입을 옷이 어디 있냐고 징징대고, 밥 먹을 때도 잔소리하지 않으면 천년만년 먹어요. 정말 돌겠어요!"

암 투병을 시작한 엄마가 계속해서 스트레스를 받는다니, 문제를 빨리 해결하지 않으면 엄마에게도 아이에게도 큰 상처를 안겨줄 일이었다. 엄마는 눈물까지 글썽이며 이렇게 물었다.

"도대체 뭐가 잘못된 거죠? 남들은 거저 하는 학교 보내는 일도 이렇게 힘이 들어서야……."

뭐가 문제일까? 엄마는 정도의 차이는 있지만, 상희의 두 오빠도 초등학교 때부터 등교 준비를 시키는 일이 결코 쉽지 않았다고 했다. 나는 엄마가 약간의 충격을 받을 질문을 할 수밖에 없었다.

"얼마나 힘이 드셨겠어요? 아이들이 마치 약속이나 한 듯이 그런 행동을 반복하는 것 같네요. 아이가 그런 행동을 하는 데 엄마가 어떻게 영향을 끼치셨는지 궁금한데요."

"제가요?"

"네, 엄마가 그런 행동을 반복하게 하는 데 기여하신 점이 있을 것 같아서요."

"기여라뇨?"

엄마의 눈동자가 갑자기 커지면서 목소리도 함께 높아졌다. 엄마는 억울한 듯한 목소리로 말을 이었다.

"아니, 선생님. 세상에 어느 엄마가 아이가 지각하는 데 기여할 생각을 하겠어요? 도대체 무슨 말씀이신지……."

"죄송해요. 혹시 제가 언짢게 해드렸으면 용서하세요. 물론 엄마에게 그런 생각은 없지요. 하지만 아이들은 엄마의 생각을 헤아리기보다는, 엄마라는 거울이 비추는 대로 그대로 따라 하는 습성이 있어서요."

"무슨 말씀이신지?"

아이보다 더 서두르면서 허둥대는 엄마의 거울이 오히려 아이에게 잘못된 조명을 비춰준 것은 아닐까? 아침마다 벌이는 전쟁으로 아이는 엄마의 주목과 관심을 독차지한다. 엄마는 속이 타고, 자신의 애타는 마음을 헤아리지 못하는 아이가 괘씸하다. 하지만 이미 그러한 방식에 익숙해진 아이는 자동으로 움직이게 된다.

나는 엄마에게 조심스럽게 물었다.

"오히려 아이들은 각본에 따라 움직인 게 아닐까요? 화장실에서 조금 자더라도 엄마 목소리가 깨워주니까 그냥 자면 돼요. 옷 입을 때도 엄마가 몇 번씩 이름을 부르며 확인하고, 꾸물대면 나중에 마무리는 엄마가 해주지요. 어떠세요?"

"그걸 각본이라고 할 수 있나요?"

"각본은 아니지요. 그런데 아이는 각본처럼 이어질 엄마의 반응을 기대하죠. 그 반응이 화를 내는 것인데도 나쁜 줄 몰라요."

"아니, 어떻게 그걸 모르죠?"

"그걸 알려면, 다른 각본이 있다는 것을 경험해야 하지요."

"다른 각본이 있다는 것을 보여주려면 어떻게 해야 하나요?"

나는 다른 각본을 경험하게 하려면 엄마의 마음가짐이 특별해야 한다고 강조했다. 엄마가 이전에 쓴 각본의 배후에는 엄마의 정서적 불안이 숨겨져 있다. 아이의 행동이 제시간에 이루어지지 못하면 아이보다 엄마가 먼저 불안해진다. 아이가 밥을 천천히 먹으면, 불안해진 엄마가 결국 초등학교 4학년 딸에게 밥을 떠먹이기 시작한다. 불안에서 비롯된 엄마의 지나친 돌봄을 아이는 과분한 관심으로 여기고, 엄마의 그런 관심을 지속시키려면 밥을 천천히 먹어야 한다는 것을 학습하게 된다.

나는 엄마 마음속에 있는 불안의 실체를 정확히 보여줘야 했다.

"엄마의 가슴속 깊은 곳에 있는 불안이 느껴지네요. 뭐가 가장 불안하신 걸까요?"

"불안하다기보다는 답답해서 그래요. 아침엔 모두가 빨리빨리 준비해야 되는데, 그렇지 않으면 짜증이 나는 거예요."

"네, 꾸물대는 상희에게 화가 나는 것도 엄마가 기대하는 바대로 이루어지지 않아 불안하셔서 그런 것으로 보여요. 어떠세요?"

"네, 그럴 수도 있겠네요. 제가 불편한 것을 못 견디는 성격이니 그런 영향이 있는 것 같아요. 그럼 제가 고쳐야 하나요?"

"아니요. 고치고 말고 할 것이 아니고요. 그 불안을 저와 함께 지금 한번 느껴보지요."

"어떻게요?"

"어느 날 아침, 상희를 전혀 돌볼 수 없다고 가정해보세요."

"무슨 말씀이세요?"

또다시 엄마의 목소리가 높아졌다. 심지어 약간 목이 메는 듯했다. 나는 그 목소리에 대한 느낌을 되물을 수밖에 없었다. 최근 자신의 건강에 이상이 생기면서 아이들을 제대로 돌보지 못하는 것에 대해 죄책감을 느끼고 있는 터라 만감이 교차했던 모양이다.

"어느 날 하루만 엄마가 상희를 챙길 수 없다고 가정해보시라고요. 어떤 일이 일어날까요?"

"글쎄요. 아마 상희는 아침에 일어나지도 못할걸요?"

"그러면 어떤 일이 벌어질까요?"

"아예 못 일어나서 학교에 결석할 수도 있겠지요. 최악의 경우에는!"

"그렇죠. 최악의 경우는 결석 한 번 하는 거예요!"

엄마와 나는 최악의 경우가 그리 큰일이 아니라는 데 공감했다. 그리고 결석이라는 그 최악의 일에 대한 과도한 불안을 내려놓기로 했다. 상희 엄마는 자신이 하나라도 간섭하지 않으면 큰일 날 줄 알았는데, 그 결과가 그저 한두 번 정도의 결석이라고 생각하니 지금의 방식을 포기할 수도 있겠다고 말했다.

이제 상희에게는 새로운 거울이 필요했다. 하지만 그동안 엄마가 자신에게 보여주었던 관심과 돌봄을 갑자기 거두어들이면 아이는 당황하기 마련이다. "엄마, 나한테 화났어? 왜 안 깨워주고 그래!" 하고 심하게 반발하거나 부모가 자신에게 벌을 내리는 것으로 잘못 인식할 수도 있다. 이런 부작용을 막을 수 있는 방법은 아이와 함께 공감하면서 놀이를 하는 것이다.

상희의 경우 너무 오랫동안 엄마가 잘못된 방식으로 관심을 주고 돌봐온 나머지 혼자 등교 준비를 하는 것이 쉽지 않을 것이 틀림없었다. 그런 상희에게 "도대체 초등학교 4학년이 이렇게 꾸물대고 등교 준비도 혼자 못한다는 게 말이 되니?" 하고 핀잔을 주는 것은 아무런 도움이 안 된다. 거울이 그동안 비췄던 잘못된 조명을 거두고, 새로운 모습을 보여주려 할 때는 공감이 필수적이다.

"그래. 혼자 준비하려면 너무 외롭고 힘들 거야. 그럼 엄마랑 게임을 하면 어떨까? 엄마가 8시에 깨우면 20분 동안 엄마랑 누가 먼저 자기 할 일을 마치는지 시합하는 거야! 네가 옷 입고 세수하는 동안, 엄마는 네가 좋아하는 간식 도시락을 싸고 아침밥을 준비할게. 어때?"

상희 엄마에게 나는 이런 게임의 규칙을 만들라고 제안했다. 상희가 이기면 엄마는 그에 대한 상으로, 학교에서 집으로 돌아오면 상희가 가장 먹고 싶어 하는 음식을 해놓는 것이다. 반대로 만약 상희가 지면 상은 없고, 그 대신 학교에 지각하더라도 엄마는 아무 이야기도 하지 않는 것이다.

　며칠 뒤, 상희 엄마는 놀랍게도 상희가 이 게임의 규칙을 듣자마자 흔쾌히 놀이를 시작했다고 전했다. 상희는 차차 엄마와 공감하고 동반의식을 느끼며 자기가 할 일을 스스로 행동으로 옮기기 시작했다. 그리고 마침내 혼자서도 등교 준비를 거뜬히 해내게 되었다.

03

정리정돈을 하지 않는
아이

아이에게 자신의 행동을
되짚어볼 수 있는 시간을 주려면
부모와 아이가 가슴을 나누고
일치감을 경험하는 과정이 꼭 필요하다.

"혹시 우리 아이가 정서불안인 것은 아닐까요?"

장난감을 사방에 흩어놓으며 온 집 안을 전쟁터처럼 만들어놓는 아이의 부모가 하는 말이다. 이런 아이 역시 앞서 소개한 상희처럼 부모의 잘못된 거울 비추기로 인해 잘못된 행위를 지속하는 경우일 가능성이 있다. 정리정돈하지 않는 아이를 걱정하는 부모는 어질러진 공간에 대한 불편함을 주로 아이보다 먼저 느낀다. 그때문에 아이가 어지르기 시작하면 쫓아다니면서 정돈하기 바쁜데, 이때 먼저 지치는 쪽도 아이가 아닌 부모다.

이 상황에서도 최악의 경우를 상상해보라. 엄마나 아빠가 간섭하지 않고 내버려두면 모든 것이 뒤죽박죽되고, 심지어 아이가 자신이 좋아하는 장난감을 찾기 힘든 상태에까지 이를 것이다. 그러나 가끔은 아이 스스로 최악의 경우를 경험해보아야 한다.

이것을 위해 나는 장난감을 어지르는 아들에게 재미있는 놀이를 제안한 적이 있다. 일명 '재미있는 어지르기 놀이'로, 절대로 정돈하지 않는 것이 규칙이다. 아이는 이 놀이의 규칙을 듣자마자 무척 흥분했다. 치우는 일 때문에 핀잔을 들은 적이 많은 아이일수록 이 놀이는 매력적이리라.

하지만 이 놀이의 결론은 아이의 생각과 사뭇 다르다. 처음으로 집 안을 실컷 어지르면서도 아이는 무언가 불편함을 느끼기 때문이다. 나중에는 이 놀이가 매우 혼란스럽고 고통스럽다는 것을 깨달은 뒤 정돈의 필요성을 경험하게 된다. 결국 아들은 내게 "이 놀이 재미없어! 치우면서 해야 재미있지!" 하며 놀이의 어려움을 토로하고 말았다. 가족상담에서는 이런 방식을 '역설적인 개입'이라고 부른다. 아이의 잘못된 방식을 억지로 금지하는 것이 아니라 거꾸로 그것을 더 강화해 경험하게 하는 방식인데, 놀랍게도 그 효과는 매우 크다.

아이에게 장난감을 치우도록 할 때도 그 과정을 놀이로 만들면 효과적이다. 소위 '물건 치우기 시합'이다. 이때도 거울부모의 공감이 바탕이 되어야 한다. 거기에 보상이나 칭찬이 동반되면 금상첨화다.

공감은 아이의 가슴을 그대로 비추는 일이다. "누가 너보고 이렇게 어지르라고 했어? 네가 어지른 것은 네가 치워! 아빠가 절대 안 도와줄 거야!"라는 부모의 말은 가슴이 아니라 머리만을 비추는 비공감적인 대화다.

"물건을 어지를 땐 몰라도 치울 땐 정말 따분하고 귀찮아, 그치? 그래도 아빠랑 함께 시합하면 덜 힘들 것 같지 않니? 아빠는 빗자루질을 할 테니 너는 물건들을 다시 제자리에 갖다 놔줘. 아빠도 사실 빗자루질이 재미없거든. 그런데 같이 하면 조금은 재미있게 할 수 있을 것 같아. 마치고 나서 우리 누가 더 빨리 잘 마쳤는지, 그리고 하기 싫은 일을 다하고 나면 기분이 어떤지 한번 이야기해 보자!"

부모가 일방적으로 아이에게 청소를 강요하거나 혹은 어지러운 것을 참지 못해 치워버리는 것과, 이렇듯 놀이로 전환해 문제를 풀어내는 방식 사이에는 분명 큰 차이가 있다. 부모와 가슴높이가 맞춰지면 누가 시켜서가 아니라, 아이 스스로 자신의 행동에 책임을 지고 바른 습관을 형성해갈 수 있기 때문이다. 자신의 행동을 되짚어볼 수 있는 시간을 아이에게 주려면 부모와 아이가 가슴을 나누고 일치감을 경험하는 과정이 꼭 있어야 한다.

04

심하게 욕하는
아이

욕의 내용보다는 아이가 욕을 하게 된
과정과 그 속에 담긴 감정에
관심을 가지는 것이 우선이다.
그래야 공감으로 이어질 수 있다.

초등학교에 갓 입학한 상준이의 별명은 '욕쟁이'다. 어느 날 담임선생님에게 아들의 별명을 전해 들은 상준이 엄마는 하마터면 기절할 뻔했다. 상준이가 욕하는 걸 한 번도 들어본 적이 없던 엄마는, 대부분의 부모가 그렇듯 아들이 그야말로 세상에서 가장 착하고 얌전한 아이라고 믿었던 터였다.

　엄마는 상준이에게 앞으로 한 번만 욕을 더 하면 가만두지 않겠다고 엄포를 놓았으며 친구들에게 수시로 확인하겠다고 말했다. 어느 날 교회에서 욕을 하는 상준이를 발견한 엄마는 그 즉시 화장실로 데리고 가서 응분의 벌을 주기도 했다.

　하지만 그로부터 몇 달이 지난 후에도 상준이는 욕하는 빈도가 점점 잦아졌고, 심지어 집에서도 감정을 드러낼 때마다 심한 욕을 하기 시작했다.

결국 엄마는 아빠에게 상준이의 나쁜 습관에 대해 알렸고, 규제가 필요하다고 생각한 아빠는 상준이가 욕을 할 때마다 손바닥을 때리기로 했다. 하지만 따끔한 매도 별 소용이 없었다. 상준이의 말과 행동은 점점 거칠어졌다.

나는 교회에서 상준이를 만날 수 있었다. 상준이는 왜 욕을 하기 시작한 것일까? 엄마나 아빠가 하는 욕을 듣고 따라 하는 것 같지는 않았다. 상준이의 부모님은 모두 중학교 교사였고, 상준이는 부모의 사랑을 듬뿍 받는 외아들이었다. 유순하고 내성적인 상준이는 키가 또래보다 작은 편이어서 초등학교에 입학했을 때도 반에서 키가 가장 작았다고 했다.

나는 욕을 처음으로 하는 아이의 경우를 떠올렸다. 욕을 하면 또래 친구들의 주목을 받기 쉽다. TV나 영화에서 들은 욕을 내뱉자 친구들이 힐끗힐끗 쳐다보며 멋지다고 부추긴다. 선생님이나 어른들은 욕을 듣는 즉시 표정이 바뀌며 민감한 반응을 보인다. 이 때문에 아이는 욕이 담고 있는 나쁜 '내용'보다 욕을 하는 과정에서 생기는 '부수효과'에 매료된다. 이것을 욕의 '마술' 같은 효과라 할 수 있다. 그래서 어린아이일수록 욕은 자신만의 '주문'인 경우가 많다. "수리수리 마수리, 날 좀 쳐다봐라!" 하는 바람이 담긴 주문 말이다.

나는 상준이 부모님에게 아이가 욕을 할 때면 지금까지와는 다르게 대처할 것을 주문했다. 즉 욕을 하는 순간에는 그냥 무시하고 넘어가라고 한 것이다. 자신이 원하는 즉각적 반응을 얻지 못하면 아이는 욕의 매력과 의미에서 벗어날 수 있기 때문이다. 물론 어느 정도 시간이 지난 뒤에는 아이의 가슴을 비추면서 새롭게 반응하는 것이 필요하다.

"상준아, 그런데 지난번에 보니까 좋지 않은 말을 쓰더구나. 1분에 다섯 번도 넘게 그 말을 하던데, 아빠는 네가 그러면서 너의 화난 감정을 쏟아놓고 있다고 느꼈어. 어때?"

이처럼 욕의 '내용'보다는 아이가 욕을 하게 된 과정과 그 속에 담긴 아이의 '감정'에 관심을 가지는 것이 우선이다. 그래야 공감으로 이어질 수 있기 때문이다. 이러한 공감적인 대처는 그다음 진행해야 할 교육적인 대처를 더욱 튼실하게 한다.

"그런데 상준아! 그런 말은 듣는 사람의 마음을 아프게 할 수 있단다. 아빠는 네가 다른 사람을 화나게 하거나 아프게 하고 싶지 않은, 마음이 따뜻한 아이라는 것을 알아. 어쩌면 상준이는 그런 말이 굉장히 멋진 말이라고 잘못 생각했는지도 모르겠다. 네가 또 그런 말을 계속하면, 아빠는 못 들은 척할 거야!"

교회에서 상준이를 만난 나는 「세상에서 제일가는 욕쟁이」라는 동화를 들려주었다. 이야기인즉슨, 욕을 하면 사람들이 쳐다보고 재미있어하니까 그것에 신이 난 한 남자가 마법사에게 부탁해서

입만 열면 욕을 하는 최고의 욕쟁이가 되지만, 사람들은 욕만 내뱉는 그를 점점 싫어하게 되었고 결국 그는 모든 사람에게서 천대받는 외톨이가 되었다는 것이다.

이야기를 듣자마자 상준이는 마법사에게 잘못된 부탁을 한 그 욕쟁이가 바보라고 말하며, 오히려 '욕만 하면 누가 좋아하겠냐'며 분명한 어조로 내게 반문했다. 앞에서 강조한 '역설적 개입'이 역시 효력을 발휘하는 듯했다. 나는 이렇게 물었다.

"그러면 상준아, 네 말을 듣고 보니 욕은 세상 사람들이 들으면 기뻐하고 좋아할 소리가 아닌 모양이구나? 만약 네가 동화 속의 주인공이라면 마법사에게 어떤 부탁을 할 것 같니?"

"저는 피리를 잘 불게 해달라고 부탁할 것 같아요. 동화책에서 보니 피리를 잘 불면 사람들이 모여들던데요?"

나는 상준이에게 피리나 하모니카를 사줄 것을 부모님에게 제안했다. 상준이는 며칠 뒤 부모님으로부터 단소를 선물로 받았고, 열심히 손에 익히기 시작했다. 그리고 얼마 지나지 않아 상준이 부모님은 단소 부는 재미에 푹 빠진 아이가 더 이상 욕을 하지 않는다며 안도의 한숨을 내쉬게 되었다.

청소년기 아이들의 욕설은 어떻게 이해해야 할까? 행실이 나쁜 친구와 어울리기 때문이거나 못된 언어 습관으로 인한 것이라 여기기 쉽다. 그러나 이 역시 자녀가 가지는 감정적 경험과 무관하지 않다.

발달심리학자들은 아동기과 구별되는 청소년기의 가장 큰 특징을 또래와의 '동조성conformity'이라 설명한다. '친구 따라 강남 가는' 청소년 시기에 우리 아이들은 또래와 같은 언어를 공유하고 싶어 한다. 친구들이 유행어를 하면 함께해야 일치감을 느낄 수 있다. 욕설을 섞어 쓰는 친구들과 동조성을 느끼기 위해 욕설은 필수적인 이중언어가 된다.

따라서 부모는 자녀의 욕설을 행실과 습관의 문제로만 여기고 무조건 야단치기만 해서는 안 된다. 즉각 교정하려 들기보다는 그 마음부터 읽어주자. "다빛아, 아까 보니까 '빡친다'는 말을 너무 많이 쓰더구나. 친구들이랑 대화할 때는 그런 말을 자꾸 쓰게 되지? 친구들도 그런 말을 쓰니까. 엄마는 충분히 이해해. 그래도 혹시 어른들과 대화할 때 그런 말이 튀어나올까봐 걱정이 되는데, 조금만 줄일 수 있겠니?"

우리 아이들은 무조건 금지하고 야단치는 부모보다는 또래로부터 배제될까봐 두려워하는 마음을 읽어주는 부모를 통해 자신의 언어를 서서히 순화해간다.

05

형제끼리
심하게 다투는 아이

아이 행동의 옳고 그름을
판단하는 것을 멈추고 아이가
자신의 바람과 본심을 드러낼 수 있도록
기다려주어야 한다.

"저희 집에는 아들만 둘이 있는데, 이 둘이 어려서부터 너무 싸우는 바람에 절대적인 원칙을 하나 만들었어요. 집에서는 절대로 못 싸우게 하는 거죠. 만약 집에서 싸우는 것을 발견하면 아빠에게 매를 맞기로 했어요. 그랬더니 집에서는 절대로 안 다투더군요. 대신 싸울 일이 있으면 밖에 나가서 코피 터지게 싸우더라고요."

　과연 이 엄마는 형제의 우애를 돈독하게 만들 수 있을까? 이런 형제를 두고 부모가 아이들의 공격적인 성향을 그나마 잘 통제했다고 판단했다면 오산이다. 부모가 보는 앞에서 싸움을 자제하기는 하지만, 가슴 속 깊은 곳에 해결되지 않은 감정은 차곡차곡 쌓여가기 때문이다.

　대부분의 부모는 형제 간의 우애를 돈독하게 하게 위해 자신들이 어떤 일을 해야 할지 생각하기보다, 아이들의 싸움에 어떻게 대처할지 원칙부터 먼저 세운다. 싸우기가 무섭게 서로 사과하라고 다그치기 바쁜 이유는 그 때문이다. 악수로도 모자라 서로 껴안고 "사랑해"라고 말하라고 주문까지 한다. 그 와중에 어떤 부모는 "자, 형이 잘하나, 동생이 잘하나 보자!" 하며 형제 사이에 은근한 경쟁을 유발하기도 한다. 아이들은 감정은 전혀 나눌 기회조차 없이 여전히 서로 눈을 부라리면서도 "미안해"라며 어색한 화해의 제스처를 교환한다.

역설적으로 부모 때문에 아이들이 싸우는 경우도 종종 있다. 부모는 인정과 칭찬을 미끼로 아이들 사이에 경쟁을 유발한다. 심부름이라도 시키려 하면 "누가 엄마 말 더 잘 듣나 보자!" "누가 더 잘하나 보자!"라는 한마디에 형제가 서로 앞다투어 가다가 넘어지기도 하고, 심지어 발을 걸어서라도 이기고자 몸부림을 친다. 부모를 공유하는 운명적인 라이벌인 형제가 싸울 때, 부모가 비교를 통해 승패를 마무리하는 것은 금물이다. 형제와의 비교로 생기는 우월감이나 열등감은 형제 간의 우애를 더욱 상하게 하기 때문이다.

나는 부모들에게 무조건 '아이를 비교하는 것은 절대금지'라는 비현실적인 코칭은 잘 하지 않는다. 그 대신, 비교를 하되 '부정 비교'가 아닌 '긍정 비교'를 해보라고 권한다. '형은 잘하는데 넌 왜 그러냐'고 하면 부정 비교가 되지만, '형은 책을 많이 읽고, 동생은 운동을 많이 해서 좋다'는 것은 긍정 비교다. 이런 긍정 비교를 통해 형제는 서로의 단점 대신 강점을 인식하고, 결론적으로는 둘 다 긍정적인 자아상과 자존감을 가지게 된다.

아이들이 다투면 부모는 심판관 역할을 하며 은근한 비교를 하기 쉽다. "형이 되어 가지고 그 정도도 양보 못 해? 동생이 훨씬 더 착하다!"라는 일방적인 판단을 한 번 이상 들으면 형의 심술도 늘어나고, 동생의 고자질도 지속되기 마련이다. 때문에 아이들이 다툴 때도 부모에게 절실하게 필요한 것은 아이들에게 공감을 연습시키는 것이다.

내 아들 다함이는 어릴 때부터 다섯 살이나 많은 누나를 자신만을 위한 일방적인 놀이 상대로 여길 때가 많았다. 누나 다빛이는 틈나는 대로 다함이의 놀이 상대가 되어주곤 했지만, 중학생이 되자 숙제가 많아져 동생과 놀 때도 예전과는 다른 관심을 나타내는 경우가 생겼다.

그러면 다함이는 심하게 투정을 부리고, 누나를 툭툭 치며 때리다가 부모에게 발각되곤 했다. 우선 혼나는 건 동생의 몫이지만, 어떨 때는 누나까지 덤으로 혼나기도 했다.

바쁜 누나에게 놀아달라고 떼쓰는 동생이 심하게 보채거나 완력을 행사하다 보면 결국 두 아이가 한데 엉켜 싸울 때도 종종 있었다. 이럴 때 누나나 동생의 편을 들거나 누가 잘못했는지 판단하는 것보다 더 중요한 것은 싸움이 더 이상 진행되지 않도록 일단 둘을 떼어놓는 것이다.

부모가 가장 힘들어하는 일 중 하나는 아이의 행동에 즉각적인 반응을 보이지 않는 것이다. '아이들을 그냥 떼어놓기만 하고 아무런 대응을 하지 말라'고 하면 대개의 부모는 쉽게 동의하지 못한다. 이유는 간단하다. 부모는 아이의 가슴을 비출 겨를도 없이 자신의 가슴에만 반응하기 때문이다. 아이가 싸우는 소리에 불편함이나 짜증을 느낀 부모는 자신의 감정에 따라 판단하고 행동하기 마련이다.

아이들이 다툴 때 부모는 한 박자 템포를 늦추고 아이의 가슴을 비출 수 있어야 한다. 그러려면 아이의 행동의 옳고 그름을 '판단'하는 것을 잠시 멈추고, 아이가 상대방을 탓하기보다 상대방에 대한 자신의 바람과 본심을 드러낼 수 있도록 천천히 기다려주어야 한다.

무조건 "미안하다고 해!"라며 요구하는 것도 의미가 없다. 서로의 감정을 솔직히 나눠야 다툼이 해결되고 똑같은 일이 되풀이되지 않을 수 있기 때문이다. 미안하다는 고백은 가장 나중에, 가장 자연스럽게 일어나야 하는 절차다. 내 아이들은 다투고 난 다음 한참이 지나서야 생뚱맞게 아빠에게 미안하다고 하고 서로에게 사과하는 경우가 잦은데, 이런 행동이 오히려 자연스러운 것이 아닐까?

좀 더 자세히 이야기해보자. 아이들은 주로 좁은 승용차 안에서 다투기 일쑤인데, 이런 경우 나는 일단 서로 떨어져 앉게 하고 그 외의 일체의 판단이나 반응을 자제한다. 아이들이 한 번에 따르지 않아도 침착하게 계속해서 떨어져 앉으라고만 지시한다. 그런 다음 차에서 내린 뒤 진정이 되면 대화를 통해 서로 마음을 나누도록 도와준다.

보통 아이들의 화해를 주선할 때 "아빠는 너희 둘이 싸우는 게 세상에서 가장 보기 싫다!" 하고 시작하기 쉬운데, 이것은 결코 좋은 방법이 아니다. 싸우고 싶어 싸우는 아이들이 세상에 어디 있겠는가. "아빠는 너희 둘 다 다투는 것을 좋아하지 않는다는 걸 누구보다도 잘 알아! 그런데 무슨 일로 다투게 되었을까 궁금하네" 하고 시작해보자.

문제는 싸우게 되는 두 사람 사이에서 일어나는 감정의 충돌이다. 일단은 아이들의 감정부터 비춰주자! 먼저 두 아이의 마음에 공감해주되, 상대방을 탓하면 그저 자신의 욕구와 감정을 드러내도록 도와주는 것이다.

부모 아까 서로 싸우고 나서 마음이 불편하고 속상할 것 같은데, 너의 마음은 어때?

아이 누나가 내 이야기를 안 들어주잖아!

부모 아, 넌 누나에게 이야기를 들려주고 싶었는데, 누나가 안 들어줬구나. 그러면 널 무시하는 것 같은 느낌이 들었겠는걸. 언제?

아이 맞아, 맞아! 내가 진짜 재미있는 이야기를 해주려고 했는데…….

그다음에는 자신이 원하는 바가 이루어지지 않아서 상대방에게 했던 행동을 아이 스스로 비추어보고 상대방의 감정도 헤아려볼 수 있게 해주자.

부모 그러니까 너는 재미있는 이야기를 누나에게 못 해줘서 엄청 속상했던 거네?

아이 응!

부모 그런데 네가 그렇게 재미있는 이야기를 해주고 싶었다는 이야기는 누나한테 못했잖아. 대신 누나가 싫다는데 억지로 힘으로 밀어붙였을 때 누나는 많이 아팠을 것 같은데, 어땠을 것 같아?

아이 응, 누나가 좀 아팠을 것 같아. 그래서 울었어!

대부분의 아이는 자신의 분노를 부모에게서 공감받기 어렵다. 형제와 싸우는 중이라면 더더욱 그러하다. 다툼 중의 분노는 통제와 질책의 대상일 뿐이다. 그러나 거울부모는 아이가 누나 때문에 화가 난 것이 아니라, 누나에게 바랐던 욕구가 충족되지 않아서 속상한 것임을 알고 함께 그 느낌을 공감해준다. 누나 때문에 화가 난다는 생각에서 벗어나야 누나를 '판단'하는 일을 멈출 수 있고, 그러면 자연스럽게 누나는 어떤 느낌이었을지도 공감할 수 있는 단계에 이르게 된다. 이쯤 되면 저절로 "누나, 미안해"라는 사과를 전하기 마련이다. 부모가 시켜서 억지로 하는 사과와는 굉장한 차이가 있다.

싸웠던 아이들이 서로 공감하고 미안한 감정을 나누고 난 뒤에 부모가 도와줄 부분이 있다. 다시 같은 일로 다투지 않도록 예방책을 함께 세우는 것이 그것이다.

예를 들어 상대방의 어떤 행동이 자신을 화나게 하는지 이야기하게 하고, 그다음에는 자신의 바람(욕구)과 그 욕구가 충족되지 않아 생긴 느낌을 정확하게 전달하여 분노로 인한 반사적 행동을 막을 수 있도록 이끄는 것이다.

예방책을 세울 때도 서로의 욕구와 감정을 인식하고 바람직하지 않은 감정은 피할 수 있는 방법을 함께 의논하는 것이 좋다. 이때 주효한 것은 부모의 인정과 칭찬이다.

부모 뭐가 다함이를 가장 화나게 했을까?

아이 내가 말하는데 누나나 아빠가 빨리빨리 대답하지 않으면 화가 나!

부모 그럼 다함이를 화나지 않게 하려면 누나와 아빠가 항상 빨리빨리 대답하면 되겠네.

아이 그럼 좋겠어!

부모 다함이가 화낼 일이 없었으면 아빠도 정말 좋겠어. 그런데 아무리 화가 나도 누나를 밀치거나 때리는 것은 누나를 아프게 한다고 했잖아? 다른 방법이 없을까? 누나에게 다함이가 화났다는 것을 알려줄 방법 말이야.

아이 화났다고 이야기하는 것?

부모 그래, 그럼 한번 이야기해봐.

아이 누나, 난 누나가 내 이야기를 안 들어줘서 화나려고 해!

부모 참 잘했어. 그런데 네가 누나에게 바라는 바를 말해보는 건 어떨까? '누나, 누나가 지금 좀 내 이야기를 들어줬으면 좋겠어. 안 그러면 나 속상할 것 같아!'라고 말이야. 한번 해볼래?

아이 누나, 내 이야기 좀 들어줄래? 안 그러면 나 정말 속상할 거야!

부모 좋았어! 대단한데! 이젠 우리 다함이가 누나랑 다투지 않고 잘 놀 수 있겠는걸!

어른들은 늘 이야기한다. 아이들은 싸우면서 큰다고. 그러나 그 이야기 속에는 다툼만이 아니라, 타협하고 화해하면서 살아가는 과정이 내포되어 있다. 이때 부모의 역할은 절대적이다. 화해는 상대방이 변화한 결과로 주어지는 것이 아니라는 사실을 부모는 아이에게 꼭 알려주어야 한다.

한 사람의 손만 들어주는 부모의 잘못된 행동으로 인해 아이는 상대방 탓만 하는 습관을 가지게 된다. 화해는 서로가 함께 변화하는 과정이고, 공감에 의해 완성된다. 거울부모는 아이가 스스로 자신의 감정과 행동을 돌아볼 수 있도록 도와줘야 한다.

06

틈만 나면
텔레비전을 보는 아이

아이가 통제 능력이 부족하다고
무조건 야단치고 금지하면 안 된다.
아이의 의연한 행동에 부산할 정도로
크게 반응하고 듬뿍 칭찬해주자.

내 아들 다함이는 어린 시절 'TV광'이었다. 초등학생치고 만화영화에 열광하지 않는 아이가 어디 있으랴마는, 아침에 눈 뜨자마자 혹은 학교에서 돌아오자마자 TV 앞으로 쪼르르 달려가는 아이를 바라보는 부모의 심정은 좀처럼 편치 않다. 요즘에는 TV보다는 스마트폰이 더욱 아이들의 관심을 빼앗는 도구이리라. 대부분의 부모는 아이에게 일방적으로 TV나 스마트폰 보는 시간을 통제하기 마련이다. 몇 시까지 보라든지 아니면 30분만 보기로 약속하라는 식으로 말이다.

"다함아! 딱 30분만 보는 거다. 알았지? 약속 지켜!"

하지만 시험 시간에도 시간 관리를 제대로 할 수 없는 아이에게 놀이 중에 정확한 시간관념을 요구하는 것은 지나친 태도다. 이는 사실 아이의 가슴을 철저하게 무시하는 비공감적인 양육 태도라 할 수 있다. 결국 부모가 정해진 시간이 지난 뒤 약속을 이유로 TV나 스마트폰 끄기를 강요하면, 아이는 언제 그랬냐는 듯 "조금만! 조금만!"을 연발한다. 그리고 부모는 약속을 지키지 않는 아이의 불순종에 불편한 심기를 드러내기 마련이다.

"너, 약속했잖아! 아빠 말이 말 같지 않니?"

마음이 약한 부모는 약간의 시간 연장을 허용하고 아이 스스로 아쉬움을 삼키며 끄도록 유도한다. 하지만 약속 수행을 지고의 가치로 삼는 부모는 울며불며 떼를 쓰는 아이에게 매를 들면서까지 한바탕 소동을 벌인다. 아이들의 즐거운 동영상 시청 놀이의 끝은 대개 이렇게 씁쓸하다.

시간이 지나도 아이의 동영상 삼매경은 좀처럼 나아지지 않으니, 이 문제를 어떻게 풀어가야 할까? 해결의 실마리는 TV나 스마트폰 시청에 대해 아이와 약속을 만드는 데 있다. 나는 다함이와 TV 시청에 관해 약속하기 전에 공감부터 시작했다.

부모 다함이는 TV 보는 것을 참 좋아하는 것 같아! TV 볼 때면 늘 신나고 행복해 보인다!

아이 맞아! 난 TV가 정말 좋아!

부모 아빠는 다함이가 TV를 꺼야 할 때 얼마나 속상할지 상상이 간다. 얼마나 짜증 나고 힘들겠니?

아이 맞아! 그러니까 TV 계속 보면 안 돼?

부모 30분 뒤에는 이제 다함이가 숙제할 시간이니까 그렇지. 어때? TV 꺼보는 연습을 아빠랑 한번 해볼까?

아이 TV 꺼보는 연습?

다함이와 나는 TV를 켜기도 전에 TV를 끄는 과정을 역할극으로 해보았다. 우선 거울부모는 자신의 아이가 야단을 한 차례 맞고 억울한 심정으로 억지로 TV를 끄는 과정에 대해 공감하고 가슴높이를 맞추기 위한 거울놀이를 할 수 있어야 한다.

부모 자! 아빠가 시작한다. "다함아! 이젠 TV 그만 볼 시간이다. 어떡하지? 아쉽지만 이젠 숙제를 해야겠는데……" 하고 이야기했어. 다함이는 어떻게 할까?

아이 응, 그럼 "네" 하고 이렇게 가서 끌게! (다함이는 제법 씩씩하게 아직 켜지도 않은 TV 앞으로 가서 끄는 흉내를 낸다.)

부모 다함이 정말 씩씩하네! 더 보고 싶을 텐데 말이야! (힘차게 박수를 치면서) 정말 잘했으니까 빨리 숙제 다 하고 또 즐겁게 보면 되겠다. 자, 아빠한테 오세요! (TV를 끄고서 아쉬운 표정을 짓고 있는 아이를 밝은 표정으로 꼭 안아준다.)

나는 TV를 끄는 시늉을 한 다함이의 행동에 박수를 치며 칭찬을 아끼지 않았다. 내가 아이의 의연한 행동에 부산할 정도로 크게 반응하고 듬뿍 칭찬해준 데는 이유가 있다. 지나칠 정도의 칭찬을 평소에 많이 해두면 나중에 아빠의 엄한 지시가 있어도 덜 아프기 때문이다. 이런 과정이 꾸준히 진행되다 보면, 아이는 보고 싶은 TV를 마지못해 끄는 자신의 행위도 부모의 인정과 칭찬을 받는 즐거운 놀이로 인식하게 된다.

이러한 놀이를 반복하다 보면 놀이에서 얻게 된 부모와의 공감과 만족감이 기억에 남아, 아이는 실제로 TV를 시청하다가 자기 스스로 아쉬운 마음을 달래며 자신의 행동을 통제할 수 있게 된다. TV를 씩씩하게 끄고 난 뒤 부모로부터 받을 칭찬에 대한 즐거운 기억이 그것을 가능하게 하는 것이다.

'TV 끄기 놀이'는 TV를 끄는 것이 자신의 욕구나 즐거움을 중단하는 일이 아니라는 사실을 아이가 가슴으로 미리 경험하도록 한다. 거울부모는 아이의 약속이행 여부보다 TV 시청 과정에 대한 공감을 우선으로 여긴다. 무조건 시청을 허용하라는 이야기가 아니다. 공감을 바탕으로 함께하는 단순한 놀이가 아이의 '즐거운 TV 시청'을 '즐거운 TV 끄기'로 마무리되도록 도울 수 있다.

요즘에는 TV보다 스마트폰에 중독된 아이가 많다. 부모가 털어놓는 그런 고민을 듣다 보면 아이가 일상생활을 유지하는 데는 전혀 문제가 없는 경우가 대부분이다. 부모가 너무 쉽게 '중독'이라는 딱지를 붙이는 것도 문제다.

　스마트폰에서 쉽게 빠져나오는 조절 경험이 부족한 것과 중독이 되어 학교 가는 일이나 밥 먹는 일을 잊고 사는 것은 다르다. 스마트폰 중독에 관한 사례는 뒤에서 더 자세히 다루기로 하자.

07

과거의 안 좋은 기억으로
힘들어하는 아이

거울부모는 아이의 두려움에
충분히 공감함으로써
아이가 자신의 가슴높이를
부모와 맞출 수 있도록 이끌어야 한다.

초등학교 2학년생 윤희는 개를 유난히 무서워했다. 친구네 집에 갈 때면 윤희는 꼭 "너희 집에 혹시 개 있니?"라고 확인했다. 개 때문에 가장 친한 친구가 생일파티에 초대했는데 가지 못한 적도 있었다. 개가 아니라 조그만 강아지가 있어도 윤희는 치를 떨었다.

몸에 생긴 상처는 흉터가 남지만 큰 후유증은 남기지 않는 경우가 많다. 하지만 정신적 상처, 즉 외상trauma은 꽤 오랫동안 그 후유증을 남긴다. 과거의 큰 충격으로 생기는 외상 후 스트레스 장애PTSD; Post-Traumatic Stress Disorder는 당시의 충격을 연상시키는 경험을 의도적으로 회피하게 만든다. 심한 경우에는 계속 악몽을 꾸고, 더 극심한 경우에는 기억상실을 유발하기도 한다. 윤희가 거의 반사적으로 개를 두려워하는 이유는 개에 대한 과거의 부정적인 경험과 그로 인한 외상 때문일 듯했다.

외상 후 스트레스 장애를 전문적으로 다루는 상담에서 가장 우선하는 방법은 충격을 안겨주었던 과거의 경험을 다시금 안전하게 재경험하도록 돕는 것이다. 이 과정에서 가장 중요한 것은 그때 잘 다루어지지 않았던 감정들과 마주하고 그것을 수용할 수 있도록 재처리하는 것, 즉 그들 마음속의 지하실에 함께 들어가 묵은 감정에 깊이 공감해주는 것이다.

윤희는 다섯 살 때 할머니 손을 잡고 아파트 앞을 산책한 적이 있었다. 한 제과점 앞에 묶여 있는 강아지가 귀여워서 만지려고 다가갔는데, 그만 강아지가 으르렁거리며 짖기 시작했다. 깜짝 놀란 윤희는 뒤로 넘어졌고, 그 와중에 강아지 목줄에 긁혀 손등에 상처가 났다. 할머니는 소스라치게 놀라서 다음과 같이 소리쳤던 모양이다.

"그거 봐라, 윤희야! 앞으로는 절대로 개 근처에 함부로 가지 마라! 큰일 날 뻔했잖니!"

윤희는 큰 소리로 울음을 터트렸다. 십 년 감수한 할머니는 윤희를 재촉해 급히 제과점 앞을 떠났다. 할머니는 손녀에게 무슨 일이라도 생겼더라면 어쩔 뻔했을까 하는 아찔한 생각에 아이의 가슴을 들여다볼 겨를이 없었다. 이런 경우, 거울부모로서 아이의 감정에 공감하는 대응을 한다면 어떻게 말해야 할까?

"윤희야, 깜짝 놀랐지? 아이고, 얼마나 아프니? 집에 가서 반창고 붙이자. 저 강아지도 아마 널 보고 깜짝 놀라서 그랬나 보다."

윤희는 자신의 가슴속 감정을 할머니와 나눌 기회를 가지지 못한 채 이유 모를 두려움을 안고 살게 되었던 것이다. 그리고 시간이 지나면서 두려움이라는 감정 뒤에 비합리적인 생각이 자라나기 시작했다. '모든' 개는 다 두려운 존재라는 생각이 그것인데, 이것은 '왜' 개가 무섭냐고 따져 물어서 풀 수 있는 문제가 아니다. 머리가 아닌 가슴에 맺혀서 생긴 문제이기 때문이다.

겨울부모가 가장 먼저 해야 할 일은 아이의 '두려움'에 충분히 공감함으로써 아이가 자신의 가슴높이를 부모와 맞출 수 있도록 이끄는 것이다. 나는 윤희의 부모님에게 대부분의 사람이 무서워할 만한 사냥개나 맹견의 사진을 구해 아이의 '개 공포증'에 함께 공감해볼 것을 주문했다.

그런 다음에는 생김새나 처한 환경이 제각각인 다양한 종류의 개 사진을 아이에게 보여주면서 그에 대한 여러 느낌을 아이와 이야기해보도록 했다. 덩치가 크고 '무섭게' 생긴 개도 있고, 작고 '귀엽게' 생긴 개도 있으며, 주인과 함께 있어 '행복한' 개도 있고, 줄에 묶여 있어 '불안한' 개도 있다고 말이다. 아이들과의 대화에서는 그들의 동화적 상상력을 유발할 수 있도록 다양한 사진이나 그림을 사용하는 것이 필수다. 이러한 부모와의 대화를 통해 아이는 그동안 자신이 개에 대해 가졌던 한 가지 느낌이 매우 제한적이고 일방적이었음을 자연스레 깨닫게 된다.

부모 이 사진을 보니까 강아지가 불안해 보인다. 목에 줄이 너무 팽팽해서 아플 것 같기도 하고 말이야. 목줄을 풀어주면 강아지가 훨씬 편할 것 같은데, 윤희는 어떻게 느껴?

아이 이 강아지는 금방이라도 달려와 물 것 같아.

부모 강아지가 윤희가 미워서 물까봐 두려운 모양이구나?

아이 응, 강아지는 원래 만지는 것 안 좋아해.

부모 그럴까? 그럼, 엄마랑 같이 강아지 인형을 만져볼까? 엄마가 먼저 해 볼게. 강아지가 얼마나 무서운지 한번 느껴보자.

아이 인형은 가짜니까 괜찮아!

부모 그래도 진짜라고 생각하고 엄마랑 만져보자. (불안한 모습으로 만지기 시작한다) 어때? 윤희 너도 만져볼래? 엄마는 너랑 같이 만지면 훨씬 덜 불안할 것 같은데.

아이 (엄마랑 같이 강아지 인형을 쓰다듬으며) 보드랍네.

부모 보드라워서 어떤 느낌인데?

아이 귀여운 느낌!

부모 귀엽다고? 무섭지 않고?

아이 무섭지 않지! 인형인데! 그런데 진짜 강아지는 달라!

부모 엄마는 진짜 강아지라도 목줄에 묶여 있지 않으면 이 강아지처럼 편 안할 것 같은데. 어떨까?

아이 그럼 안 물 수도 있겠다. 그치, 엄마?

부모와 거울놀이를 하며 강아지와의 여러 경험을 함께 공감하는 과정을 통해, 아이는 자신의 지하실에 숨겨놓았던 개에 대한 다양한 감정을 회복하게 된다. 거울놀이를 통해 자신의 감정을 충분히 다룰 수 있었던 윤희는 결국 부모님과 동물병원에 가서 다양한 강아지를 관찰하고 만져보는 '새로운' 경험을 하게 되었다. 윤희의 새로운 경험에 가장 중요했던 것은 다양한 감정을 비춰줄 거울부모였다.

08

따돌림을
당하는 것 같은 아이

소외감에 괴로워하는 아이에게는
자신의 감정에 공감해주고
장점을 부각해주는 거울부모가 절실하다.

미연이는 피부색이 유난히 검고 키가 작은 초등학교 4학년 아이였다. 3학년 때까지 지방에서 지내다가 서울로 이사 온 터라 말수도 적고 학교생활에 적응하지 못해 어려움을 겪고 있었다. 담임 선생님으로부터 사투리 섞인 말투나 피부색 때문에 미연이가 아이들에게 놀림을 받는다는 소식을 접한 부모님은 걱정이 이만저만이 아니었다.

    따돌림을 당한 아이에게 부모는 가장 먼저 그렇게 된 이유를 묻는다. 즉 왜 따돌림을 당하는지, 왜 그런 식으로 대처하는지, 왜 바보같이 당하는지를 물어보며 몰아세우기 일쑤다. 답답하고 속상한 부모의 마음이야 충분히 헤아릴 수 있지만, 이렇게 머리로 이해하려는 일방적인 태도를 보이면 아이는 따돌림의 원인이 자신에게 있다는 잘못된 인식을 강화하게 된다. 가뜩이나 소외감에 시달리는 아이를 밖으로 내모는 격이다.

부모 넌 왜 따돌림을 당한다고 생각하는데?

아이 몰라! 아이들이 내 피부가 까맣다고 놀려!

부모 그래서 뭐라고 했니?

아이 몰라! 정말 짜증 나! 다들 나만 보면 킥킥거리고 수군댄단 말이야!

부모 그냥 무시해! 네가 그렇게 화낼수록 더 놀리니까, 알았지?

따돌림을 경험한 아이의 경우 가장 중요하게 다루어야 할 것은 외모나 행위(doing)가 자기 자신의 존재 자체(being)와 직결될 때 생기는 수치심의 문제다. 친구들의 집단적인 놀림은 자신의 피부색뿐 아니라 존재가치 자체가 형편없다고 여기게 만들기 때문이다. 특히나 또래 집단에서 인정받고 싶은 욕구가 커지는 사춘기에 들어서면 친구들의 놀림이 자신의 존재 목적을 총체적으로 흔들어놓기 마련이다. 왕따를 경험한 사춘기 청소년이 수치심을 이기지 못하고 극단적으로 자기를 파괴하는 일이 자주 발생하는 것이 바로 그 예다.

이때 부모는 놀림의 이유가 되는 아이의 외모나 행위를 아이의 존재가치와 구분하고 이분화해야 한다. 부모라는 거울이 아이의 외모와 가슴을 그대로 비춰줄수록 아이가 자신의 외모나 행위를 존재가치와 혼동하는 일을 막을 수 있기 때문이다.

미연이의 부모가 제일 먼저 해야 할 일은 아이의 외모를 부정하지 않고 인정한 다음, 미연이가 느끼는 감정을 공감하는 것이었다.

부모 친구들이 미연이 피부가 까만 걸 가지고 놀리는 모양이구나?

아이 정말 짜증 나! 다들 나만 보면 킥킥거린단 말이야!

부모 그래, 얼마나 속상했겠니? 너도 다른 아이들처럼 하얀 피부를 가지고 싶겠구나?

아이 몰라! 하여간 까맣다는 말은 정말 듣기 싫어!

부모 친구들은 검은 피부가 어색한가 보다. 미연이는 피부색 때문에 친구들이 너를 무시하고 미워하는 것처럼 느끼는 것 같은데, 어때?

아이 그러니까 볼 때마다 놀리겠지.

부모 볼 때마다 놀리면 그렇게 버려진 듯한 느낌을 가지는 게 당연하지. 하지만 친구들이 조금만 너를 알고 나면 널 보고 부러워하는 것도 많을 거야. 뭐가 있을까?

아이 아니야! 아이들은 놀리기만 해!

부모 네가 다른 아이들보다 잘하는 것이 분명 있을 텐데……

아이 몰라! 없어!

부모 미연아. 친구들이 아직 미연이를 잘 몰라서 그렇지, 너는 친구들이 좋아할 만한 많은 것을 가지고 있어. 친구들에게는 그런 것을 알게 될 시간이 필요한 거야. 엄마는 친구들보다 미연이와 함께 지내는 시간이 많고, 어렸을 때부터 쭉 지켜봤으니까 미연이를 제일 잘 알지. 네가 얼마나 온화한지, 또 운동을 얼마나 잘하는지 말이야. 그러니 친구들도 머지않아 곧 알게 될 거야.

아이   그래도 자꾸 놀리면 정말 신경질 난단 말이야!

부모   물론 화나고말고. 하지만 엄마가 말했듯이 너는 친구들이 모르는 많은 장점을 가지고 있다는 걸 잊지 마!

미연이의 경우에는 친구들의 상황을 비춰주고 미연이가 느끼는 소외감이 어떤 것인지, 부모는 미연이를 어떻게 생각하고 있는지 등 미연이의 감정과 장점을 끊임없이 조명해주는 거울부모의 역할이 중요했다. 아이 스스로 자신의 음지가 아닌 양지를 보도록 이끌어주는 거울부모의 역할을 잘 보여주는 사례라 할 수 있다. 자신의 장점을 친구들에게 보여줄 기회를 기다리던 미연이는 체육 시간에 달리기 대표로 선발된 뒤 '토마스 기관차'라는 새로운 별명을 얻고 친구들도 사귀게 되었다고 한다.

왕따 경험 그 자체가 자신의 존재가치와 직결될 때, 아이는 수치심과 낮은 자존감에 시달리다가 극심한 우울증까지 경험할 수도 있다. "애들끼리 서로 그러면서 크는 거지" 하고 나 몰라라 하거나, "왜 너만 그래! 뭐가 문제야?" 하고 따져 묻는 식의 대응은 민감한 아이의 가슴에 또 하나의 상처를 더하는 일일 뿐이다. 또래 친구들에게 따돌림을 당하고 소외감에 괴로워하는 아이에게는 자신의 감정에 공감해줄 뿐 아니라 장점을 부각해주는 거울부모가 절실히 필요하다.

09

또래에 비해
살이 찐 아이

부모의 공감과 격려가 있다면
아이는 자신의 약점에만 빠지지 않고
새로운 강점을 키워갈 수 있는 역량을 가지게 된다.

한 엄마가 소아비만으로 보이는 초등학교 4학년생 아들을 놀이
치료실에 데리고 왔다. 외아들이다 보니 어릴 때부터 식사를 조절
해주기보다는 늘 식성 좋다고 좋게만 여기다가 그만 또래 아이들
보다 과도하게 체중이 늘어 비만이 되어버렸다는 것이다. 아이는
최근 여자 친구에게도 체중 때문에 놀림을 당하고, 학교생활 전반
에서 자신감을 잃어버린 상태였다.

　1970년대만 하더라도 우량아 선발대회 등 소아비만도 자랑으
로 여겼으니 세상이 많이 바뀌긴 바뀌었다. 하지만 소아기나 아동
기의 비만은 청소년기는 물론 성인이 되어서까지도 유지되는 경
우가 많으므로 부모가 적극적으로 아이를 도울 필요가 있다.

　열 살이 넘은 초등학교 남학생이라면 당연히 이성 친구와의 관

계도 이전과 달라지고 외모에 신경을 쓰게 된다. 최근 TV나 미디어에서 접하는 근육질 남성 연예인의 이미지 때문에 남자아이들 사이에서도 몸에 대한 인식이 각별해진 것은 사실이다. 이에 대해 우선 부모가 보여야 할 첫 번째 반응은 아이가 자신의 몸에 대해 느끼는 것을 있는 그대로 받아들이고 공감하는 것이다.

비만아를 둔 엄마의 경우, 아이가 분명 비만인데도 아이의 마음을 위로하기 위해 "그 정도는 괜찮다" 혹은 "나중에 저절로 빠진다" 등의 이야기를 하는 것은 별로 도움이 안 된다. 차라리 "친구들이 네 몸매를 가지고 놀렸으니 얼마나 속상하겠니?"라며 감정을 읽어주는 것으로 충분하다. 그러나 자신이 과체중이 아닌 부모들은 아이들의 식욕 자체를 공감하기가 어렵다는 데 문제가 있다. 살이 찌는 아이들은 왜 먹는 것을 좋아할까? 간혹 부모들은 식욕이 지나치게 왕성한 아이에게 식탐이 많다고 나무라지만, 반드시 배가 고픈 이유에서만 과식을 하는 것은 아니다.

나는 상담하러 오는 부모들에게 인간의 식욕 중 25퍼센트는 생리적인 것이 아니라 심리적인 요인이라는 점을 강조한다. 신체적인 배고픔보다 먹는 즐거움. 다시 말해 최소한 먹는 즐거움이라도 있어야 하는 열악한 심리 상태일 경우에는 이미 배가 꽉 찼는데도 반사적으로 더 먹게 된다는 것이다. 그러니 과식하는 아이들에게 "지금 먹으면 다 살로 간다" 혹은 "그렇게 먹고 누우면 돼지 된다!"

라고 비난하는 것은 최악의 결과를 가져온다. 스트레스를 받은 아이는 더 먹을 것이기 때문이다. 그렇기에 부모는 아이의 과식에 심리적인 요인은 없는지 살펴보아야 한다.

대부분의 아이, 특히 사춘기의 아이들은 자신의 비만을 부끄럽게 여기기 마련이다. 무서운 것은 비만에 대한 민감한 인식이 자신의 정체성 전반으로 연결되면 엄청난 수치심으로 발전한다는 점이다.

수치심은 "나는 아마 절대로 친구들한테 인기를 얻지 못할 거야. 나는 뭘 해도 안 되게 되어 있어!" 등 자신을 평가절하하는 감정으로 자리 잡게 된다. 결국 자신이 음식을 조절할 수 있다는 의지를 쉽게 포기하고 다시금 음식으로 스트레스를 풀려고 하다 보니 악순환만 반복된다.

앞서 왕따에 시달리는 아이의 경우처럼, 이때도 부모는 몸매 외에 아이가 친구들 사이에서 인정받고 주목받을 강점을 찾아주는 것이 중요하다. "몸은 뚱뚱하지만 넌 지구력이 좋잖니? 너는 음악에도 소질이 있잖아" 등의 이야기를 통해 아이가 자신의 자질을 스스로 자랑스러워하게끔 해주자. 몸매 하나로 자신을 비천하고 저급한 존재(being)로 절대평가하는 일이 없도록 말이다. 부모의 공감, 그리고 자신에 대한 인정과 격려가 있다면 비록 시간이 걸릴지라도 아이들은 결국 또래로부터의 놀림을 견뎌내고 자신의 새로운 강점을 키워갈 수 있는 역량을 가지게 된다.

보다 실질적으로 아이의 체중 조절을 돕고 싶다면, 나는 반드시 부모 중 한 명이 아이와 함께 다이어트를 하기를 권한다. 날씬한 식구가 많아서 아이 혼자 가정 내에서 과체중으로 주목받는다면 그것 자체가 불편함의 원인이 된다. 아무리 정상 체중인 부모라 할지라도 "오늘부터 아빠와(혹은 엄마와) 똑같이 먹자!"라고 말하는 것처럼 연대감을 주는 것은 없다. 가령 탄수화물 섭취를 줄이고 닭가슴살이나 바나나, 요거트 등을 아이에게 먹이고자 한다면 그때마다 부모도 같은 음식을 먹는 것이 좋다. 나만 혼자 고생한다는 느낌이나 고립감 대신 엄마 아빠가 나와 함께한다는 동반의식과 공감을 느끼면 다이어트의 효과도 훨씬 좋기 때문이다.

또한 비만인 아이는 운동도 남들보다 잘하지 못하고, 재미도 잘 느끼지 못하기 때문에 부모와 함께 손쉬운 운동을 하는 것이 가장 효과가 좋다. 아마도 하루 한 시간씩 온 가족이 집 근처 공원을 걷는 것보다 더 좋은 운동은 없을 것이다. 운동의 효과는 물론 자연스럽게 가족이 함께 대화하는 보너스도 얻을 수 있기 때문이다.

또 한 가지, 아이의 식습관에 대해 내가 주로 권하는 중요한 방법을 소개한다. 과체중에 시달리는 아이들의 대부분은 식사 속도가 지나치게 빠르고, 아무리 옆에서 잔소리해도 좀처럼 그 속도가 줄지 않는다. 이럴 때 먹는 중에 느껴지는 다양한 느낌을 표현하게끔 해보자. 예를 들어 멸치를 먹으면 뼈가 튼튼해지는 느낌, 두부를 먹을 땐 부드러운 두부가 자신의 몸을 감싸는 느낌을 느껴보라고 하면, 아무 생각도 없이 공격적으로 밥상에 머리를 파묻고 먹던 아이가 변화하기 시작한다. 식사 속도가 줄어듦은 물론, 음식이 주는 느낌을 충분히 느끼며 음식량도 조절하게 되는 것이다. 최근의 마음챙김 명상법에서는 음식물이 입안에서 식도를 타고 내려가는 미세한 느낌을 느껴보도록 하는데, 그것과도 같은 이치다.

10

방학만 되면 부모와
전쟁을 치르는 아이

아이와 부모 모두 방학의 즐거움이 사려졌다.
주목, 인정, 칭찬으로 가슴을 비춰주어서
오히려 방학을 아이가 긍정적인 자아상을
세우는 기회로 삼자.

가끔 초등학생이나 중고등학생들과 이야기를 나누다 보면 방학에 대한 느낌이 예전에 부모 세대가 느꼈던 그것과는 사뭇 다름을 알 수 있다. "와! 방학이다!" 하면서 산으로 들로 나갔던 부모 세대의 방학에는 색다른 재미가 있었다. 하지만 요즘 아이들은 방학이라 해도 크게 즐겁지 않다고 한다. 이유는 간단하다. 방학이라서 여유시간이 늘어나고 야외에서 노는 것이 아니라, 학업을 보충하기 위해 더 집중적으로 학원에 다녀야 하기 때문이다.

그럼 부모는 아이의 방학이 즐거운가 하면 그것도 아니다. 대부분의 엄마는 방학이 무섭다. 가끔 봐도 충돌하기 쉬운 사춘기 아이라도 있으면 방학은 더더욱 공포의 시간과도 같아서, 온종일 아이와 함께하는 시간이 살얼음판을 걷는 것 같다고 말하기도 한다. 그래서 부모들은 방학 중에 아이와의 관계가 좀 더 좋아지는 방법을 알려달라고 요청하는 경우가 많다.

나는 부모와 아이 모두가 행복하게 보낼 수 있는 방학을 위해 몇 가지 중요한 실천사항을 부모에게 코칭하곤 한다. 첫 번째는 방학을 아이의 이야기를 많이 듣는 시간으로 삼자는 것이다. 진부한 것 같지만 이때 학과 공부에 대한 아이의 이야기를 듣는 것은 선택사항이고, 아이의 관심사에 관해 듣는 것은 필수라는 점을 명심하자. 예컨대 아이가 요즘 주로 듣는 음악은 무엇인지 등을 물어보고 함께 관심을 가지면 방학은 한결 신나게 시작된다. 최소한 아이 입장에서는 말이다.

두 번째로 중요한 것은 부모와 아이의 대화에서 '행동(doing) 대화'를 줄이는 것이다. 행동대화는 주로 "해라!" 혹은 "하지 말아라!" 하는 말로 종결된다. 아이와의 대화에서 이렇게 끝나는 대화는 5분 이상을 이어가지 못하고 서로 감정만 상하게 하기 십상이다. 가끔 부모들에게 아이의 행동을 지적하는 대화가 하루에 나누는 대화 중 어느 정도를 차지하는지 살펴보라고 할 때가 있다. 실제로 내 코칭 강의를 수강하던 한 엄마는 실제로 자신이 하루에 아이와 하는 대화를 녹음해서 들어보았다가 충격에 빠졌다고 털어놓았다. 자신이 아이에게 이야기한 내용의 대부분은 "일어났니? 밥 먹었니? 숙제는 다 했니? 학원에는 갔다 왔니? 이는 닦았니? 내일은 뭐 하니?" 등 행동(doing)에 대한 질문이었기 때문이다. 아이의 행동에 대한 조바심이 나는 엄마는 이것저것 묻기 바쁘고 빨리 빨리 하도록 명령할 수밖에 없다.

　그렇다면 방학에는 어떤 대화를 하면 좋을까? 나는 책에서 다루 었던 공감의 세 단계 원칙을 활용하여 '감정대화'를 나눌 것을 권 한다. 일단 "엄마(아빠)가 느끼기에는……"이라는 말로 시작하면 서 아이의 감정을 헤아리는 대화를 늘이고, 하루에 다섯 개 이상의 감정단어를 사용해서 아이와 이야기를 나누어보는 것이다.

　방학 숙제인 일기 쓰기를 버거워하는 6학년 아들을 둔 엄마에 게 나는 아이와 함께 '감정일기'를 써볼 것을 요청한 적이 있다. 감 정일기는 아이와 부모가 함께 보는 특별한 일기다. 무뚝뚝한 아들 에게 엄마는 하루에 일어난 사건이나 행동이 아니라, 하루에 느꼈 던 감정에 대한 일기를 쓰도록 했다. 한두 단어라도 괜찮다고 하 고, 저녁마다 아이와 그 감정에 대해 이야기해보자.

　누구든 처음에는 사건을 쓰는 일기보다 더 어려워할 것이 틀림 없다. 하지만 어떤 사건 뒤에 본인이 느꼈던 감정에 대해 판단하거 나 지도하려고 하지 않고, 거울부모답게 그대로 함께 느껴주기만 하면 아이들의 '감정일기' 숙제는 점점 재미를 더해갈 것이다. 뿐 만 아니라 감정적 교류를 나누며 아이와 나누는 대화의 질도 향상 될 수 있다. 한 달간의 감정일기를 보면 아이의 감정이 얼마나 다 양하게 표현되고 부모와의 공감을 바탕으로 한 상호작용을 가졌는지 부모 자신이 스스로 눈으로 확인할 수 있어 더욱 흥미를 느끼는 것을 볼 수 있었다. 부모와 아이가 이러한 감정일기를 함께 씀으로써 방학은 모두에게 '감정대화'가 풍성한 시간으로 채워질 수 있다.

내가 마지막으로 부모들에게 권고하는, 방학 중 꼭 지켜야 할 원칙 하나는 바로 아이의 강점 찾기다. 많은 부모는 방학을 이용해 아이의 단점을 보강하는 데 중점을 두곤 한다. 수학이 부족하니 선행학습을 집중적으로 시키고, 영어 말하기가 부족하다고 원어민 캠프를 보내는 식이니 아이는 방학 내내 주눅 들어 있을 수밖에 없다. 하지만 오히려 아이의 강점을 찾아 그것을 더욱 강화하는 계기를 만들면 아이의 자존감은 증진되고 방학도 비로소 신나는 시간이 된다.

내 조언이 영 딴 나라 얘기같이 들리는가? 명문대에 진학한 아이들은 자신감이 하늘을 찌를 것 같은데, 꼭 그렇지만은 않다. 학창 시절 내내 성적을 올려야 한다는 부담감으로 방학을 보낸 아이들은 대학에 와서 보통 두 가지 선택지 사이에서 고민하게 된다. 여전히 철저한 학점 관리와 스펙 관리에 돌입하든지, 아니면 그간 잃어버렸던 방학의 즐거움을 평소에도 마음껏 누리는 자유를 선택하는 것이다. 보통은 이런 두 가지 상황 사이에서 방황하게 된다. 그런데 졸업할 때가 되면 다들 비슷한 결론을 내린다. '이 세상에는 내가 할 일이 없어. 나는 참 쓸모없는 존재야.' 학업에만 쫓기며 압박을 받느라 긍정적인 자아상을 키우지 못했기 때문이다.

　너무 안타깝지 않은가. 지금이라도 늦지 않았다. 부모가 할 수 있는 일이 있다면 혀만 차고 있을 일이 아니다. 무조건 방학을 학습 보충의 기회로 삼아야 한다는 부모의 신념부터 재고해야 한다. 방학이라는 시간을 아이가 긍정적인 자아상을 세우는 기회로 삼자.

11

스마트폰 게임에
중독된 아이

아이에게 스마트폰 게임 공간은
유일한 소통 수단일 수도 있다.
부모는 무조건 금지하기보다는 소통과
공감의 공간을 만들어줄 수 있어야 한다.

집마다 스마트폰의 구입 시기를 두고 아이와 부모가 줄다리기를 한다. 언제 사주는 것이 좋은가에 대해서는 전문가들 사이에서도 의견이 다르다. 최대한 시간을 벌고 웬만하면 사주지 말 것을 강조하는 전문가도 있다. 이유인즉슨 스마트폰에는 전화 기능만이 아니라 게임기의 기능까지 있기 때문이다. 하지만 요즘에는 스마트폰이 아닌 휴대전화를 구입하기 어렵다는 것이 문제다. 결국 부모, 특히 맞벌이하는 부모들은 게임중독의 위험을 알면서도 아이와의 연락을 위해 초등학생에게도 스마트폰을 사줄 수밖에 없다는 딜레마에 빠진다. 어찌 되었건 맞벌이 부모는 스마트폰을 사주더라도 필요한 기능은 최대한 살리고 노출된 위험 환경을 최대한 줄이는 방법밖에는 없을 것이다.

병준이는 맞벌이 부부인 부모님이 집에 없는 시간에 주로 스마트폰 게임을 즐겨 하는 초등학교 5학년 남학생이다. 하지만 스마트폰을 사용한 지 1년이 채 되지 않아 성적은 곤두박질했고, 스마트폰을 보면서 횡단보도를 건너다 오토바이에 치이는 경미한 교통사고까지 당했다. 뒤늦게 문제의 심각성을 깨달은 부모는 병준이의 스마트폰을 압수하고 전화 기능만 있는 구식 휴대폰을 어렵게 구해 스마트폰 대신 쓰도록 했다.

하지만 스마트폰 게임을 할 수 없게 된 병준이는 부모 몰래 PC방을 다니기 시작했고, 엄마 아빠가 없는 시간에는 PC방에서 게임 삼매경에 빠져 방과 후 학교에도 가지 않았다. 거의 한 학기 내내 방과 후 학교에 출석하지 않았다는 통보를 받고서야 부모는 병준이의 PC방 출입 사실을 알고 충격에 빠져 내게 조언을 구했다. 나는 병준이의 상태가 중독 전문 치료가 필요한 정도는 아니라고 판단하여, 먼저 부모에게 병준이에게 압수한 스마트폰을 돌려줄 것을 권고했다.

나는 우선 병준이가 경험하고 있는 사이버 공간을 부모가 이해하도록 했다. 언제부턴가 우리 아이들에게 있어 사이버 공간은 유일한 놀이 공간이 되어버렸다. 친구들 생일파티에 가서도 아이들은 저마다 스마트폰 게임에 몰두한다.

앞서 이야기했듯 스마트폰 게임의 문제는 서로 눈을 마주치는 등의 상호작용을 하지 않는 놀이라는 데 있다. 그러니 아이들은 당연히 공감도 제대로 못하고 거칠어질 수밖에 없다. 그러나 무조건 스마트폰을 압수하면 아이에게는 그나마 유일하게 있었던 놀이공간마저 사라지는 것이니, 당연히 병준이처럼 그것을 대체할 수 있는 또 다른 사이버 공간을 찾아 나서게 된다. 스마트폰은 무조건 압수하고, 무조건 사주지 말자는 주장은 이처럼 아이의 가슴을 철저히 무시한 단순한 방법이기 때문에 별 도움이 되지 않는다.

일단 스마트폰을 사주기는 하되, 그 이유가 분명해야 한다. 우선 하교할 때는 꼭 부모한테 전화를 하게 한다든지, 비상시 긴급대처 요령도 숙지시켜주는 등 스마트폰에 있는 순기능부터 공고히 하자. 또한 스마트폰 어플리케이션 중 아이에게 필요한 것이 있다면 효율적으로 사용할 수 있게 이끌어주면 된다.

그렇다면 스마트폰을 압수하지 않고서도 아이들이 게임중독에 빠지지 않게 할 수 있는 방법은 무엇일까?

모든 위험 요소를 제거한다고 중독을 피할 수 있는 것은 아니다. 그보다는 일단 위험 요소를 인정하고 스스로 절제하는 경험을 쌓는 것이 무엇보다 중요하다. 중독자들이 알코올이나 담배가 없으면 불안해서 견딜 수 없고 결국 그것을 대체할 무언가를 찾는 이유는 알코올이나 담배 없이도 견딜 만했다는 경험이 이전에 충분히 축적되지 않았기 때문이다. 그러므로 아이도 하루 중 몇 시간은 스마트폰을 쓰지 않게 한다든지, 밤에는 아예 부모에게 맡기고 쓰지 않게 하는 방법을 실천하면 절제 경험을 미리 축적하는 데 중요한 밑거름이 된다. 이때 몇 가지 주의할 점이 있다.

첫째, 절제 경험의 방식은 아이와 함께 정하자. 가령 밤 10시 이후에는 부모에게 맡기기로 한다면, 그 방식과 시간 등을 함께 정해서 부모가 일방적으로 압수하는 것이 아니라 아이가 자진해서 절제하는 것으로 받아들이게 하는 것이다.

둘째, 아이와 정한 원칙을 부모도 지키자. 거울부모의 기본은 아이에게 소외감을 느끼게 하지 않고 공감을 전제로 한 일치감을 조성하는 것이라고 강조한 바 있다. 따라서 10시 이후에 스마트폰을 쓰지 않는다는 원칙을 아이와 정했다면, 부모도 10시 이후에는 스마트폰을 사용하지 않도록 한다.

마지막으로 스마트폰을 사용하지 않는 시간을 채워 줄 대체행동을 마련하자. 특히 가족과 상호작용할 시간이 꼭 있어야 효과 만점이다. 병준이의 부모는 병준이와 합의 끝에 토요일 밤 9시 이후에는 온 가족이 산책과 가벼운 운동을 하기로 했다. 토요일 저녁을 함께 보내고 일찍 잠자리에 드는 덕분에 가족 모두 일요일이면 늦잠을 자는 버릇에서도 벗어날 수 있었다. 병준이는 실로 오랜만에 부모님과 시간을 보내면서 혼자만의 시간에는 무조건 게임을 해야 한다는 강박에서 서서히 풀려났다.

거울부모,
가장 소중한 변화의 시작

내가 가장 즐겨 묵상하는 이야기가 있다. 한 사람이 죽어서 천국에 갔다. 입구에서 만난 성 베드로는 그에게 아주 급할 때 펴보라며 쪽지 하나를 건넸다. 그는 별생각 없이 그것을 받아 넣고서 한참을 걸었지만, 천국에 있다던 황금 길은커녕 들려오는 인기척도 하나 없어 점점 불안해지기 시작했다. 그리고 '혹시 천국이 아니라 다른 곳에 온 게 아닐까?' 하는 불안한 마음이 들던 바로 그때, 드디어 큰 바위 위에 앉아계신 하나님을 만날 수 있었다.

그는 하나님에게 "사람들은 모두 다 어디에 있지요?" 하고 물었다. 하지만 하나님이 그 질문의 뜻을 이해하지 못하겠다고 하자, 그는 난감하기 그지없었다. 그때 성 베드로가 준 쪽지가 생각났다. 그 쪽지를 펴보니 거기에는 "네가 세상에서 가장 작은 이에게 한 것이 바로 내게 한 것이니라"라는 성경 구절이 적혀 있었다.

하나님은 그 사람에게 다음과 같이 말했다.

"애초부터 세상에는 너와 나밖에 없었느니라."

나는 이 이야기가 담고 있는 의미를 가끔 가슴에 새겨보곤 한다. 세상에 나와 신만이 살고 있다는 말은 무슨 의미일까? 또 하나님이 자신과 동일시한 '가장 작은 이'는 과연 누구인가?

'신이 바빠서 인간에게 어머니를 보냈다'는 말이 있다. 어머니의 사랑은 이 땅에서 보이지 않는 신의 사랑을 가늠케 하는 희생적인 사랑이라는 의미다. 이는 모든 사람이 동의할 만한 진실이다. 이 책을 마무리하는 시점에서 나는 신학자로서 새로운 사실 하나를 제시해본다. 신은 인간에게 자기 자신을 비추어볼 '가장 작은 이'를 우리에게 주셨다고.

우리의 아이들, 이 땅의 어린이들은 모두 세상의 '가장 작은 이들'이다. 이들은 부모의 손길이 없으면 한시도 살 수 없는 시기를 지나 지속적인 주목과 관심, 돌봄과 사랑을 필요로 하는 시기에 놓여 있다. 이들에게 좋은 거울이 되어주는 일은 하나님이 우리에게 명하신 가장 크고 소중한 일 중의 하나다.

나는 이 책에서 부모라는 거울이 아이에게 '내가 누구인지'의 기초를 제공한다는 점을 강조했다. 아무리 좋은 대학에 진학하고 사회적으로 성공했다 해도, 부모에게 주목받지 못하고 인정과 칭찬을 받지 못한 사람의 '자존감'은 상상을 초월할 정도로 낮은 경우가 많다. 그러므로 좋은 대학에 보내고 성공한 사회인으로 만드는 일보다 부모가 더 신경 씨아 할 일은 아이의 가슴을 비추면서 공감하는 것이다.

　　나는 하나님이 태초부터 우리 자신을 비춰볼 수 있는 부모를 선물로 주셨고, 그 이후로는 친구들과 이웃들 그리고 아이들에게 좋은 거울로 살도록 만드셨다고 믿는다. 그리하여 세상을 가정과 이웃, 사회가 서로를 돌보고 존중하는 공감으로 가득한 천국으로 만드는 것이 신의 뜻이 아닐까? 우선 나부터 가정에서 공감을 위한 거울의 역할을 다한다면, 그것이 곧 우리가 사는 복잡한 세상을 신과 나만이 사는 천국으로 만드는 첫 발자국을 딛는 것이 아닐까? 오늘 이 책을 읽는 독자의 가정에, 그리고 우리 사회에 서로의 가슴을 보듬는 새로운 거울의 역사가 시작되기를 기대해본다.

미러링을 바탕으로 한
전문 아동상담의 실제

놀이치료

놀이치료 분야에 크게 공헌하고 있는 미국의 아동심리학자 개리 랜드레스Gary Landreth는 "새들은 날아다니고 물고기들은 헤엄치며 아이들은 놀이를 한다"라고 말했다. 아이들에게 놀이가 얼마나 자연스럽고 중요한 일인지 드러내는 말이리라. 아이들의 놀이는 여러 가지 의미를 지닌다. 어른이 언어를 통해 자신의 심리적 어려움을 표현하고 해결한다면, 아이는 놀이를 통해 그러한 것을 해낸다.

자신이 뚱뚱하고 매력 없다고 생각하는 아이는 친구들에게 주목받고 싶은 마음에 놀이시간을 통해 노래를 부르고 바이올린을 연주한다. 틱 장애가 있어 친구들에게 왕따를 당하는 아이는 병원

놀이를 하면서 "아무리 큰 병이라도 놀이치료만 받으면 나을 수 있어요"라며 자신의 문제를 해결하고픈 소망을 표현하기도 한다. 엄마가 외국으로 연수를 간 아이는 놀이치료실의 모형 집에서 인형을 가지고 역할놀이를 하면서, 엄마가 곁에 없어도 마음속에 있으면 옆에 있는 것과 똑같다고 말하며 스스로를 위로한다. 이렇듯 아이들은 놀이를 통해 고통스러웠던 경험을 재현해보기도 하고 스트레스를 해소하거나 충격을 완화한다. 또한 억눌려 있고, 미처 알지 못했으며, 말하고 싶지 않았던 자신의 감정을 스스로 정화해가기도 한다. 즉 놀이는 아동의 중요한 표현 수단이자 심리적 치유를 위한 훌륭한 자원인 셈이다.

대부분의 아이가 즐겁게 참여하는 캠프가 어떤 아이에게는 큰 부담으로 다가올 수도 있다. 초등학교 고학년이지만 아직 밤에 소변을 가리지 못하는 아이는 캠프 얘기만 나오면 말수가 줄고 얼굴에서 웃음이 사라진다. 친구들에게 창피를 당할까봐 걱정이 앞서기 때문이다. 이런 아이의 마음을 충분하게 비추기 위해서는 부모가 아이의 마음속 지하실에 함께 내려가야 한다.

성인은 대부분 자신의 생각과 감정, 자신을 힘들게 하는 문제를 언어로 표현할 수 있다. 성인에게 있어 언어화하는 것이 아이에게는 곧 놀이인 것이다. 아이에게 있어 놀이는 감정의 표현, 관계의 탐색, 자기성취의 매개체다. 아이는 놀이를 통하여 성인과 비슷한 방법으로 과정을 표현하거나 자신의 감정과 욕구를 드러낸다. 표현의 역동성과 의사전달 수단은 아이마다 조금씩 다르지만, 공포, 만족, 분노, 행복, 좌절 등의 감정을 표현할 수 있다는 점은 성인과 다를 바 없다. 이러한 관점에서 볼 때 각각의 놀잇감은 아이들의 단어고, 놀이는 곧 아이들의 언어다.

부모가 집에 오면 재빨리 자신의 방으로 들어가고 엄마의 전화도 받지 않던 한 아이는, 놀랍게도 놀이치료 시간에 가족들이 함께 소파에 앉아 TV를 시청하는 모습을 가족 인형으로 재현해냈다. 가족 내에서의 소외감을 비록 말로 표현하지 못했지만 아이의 마음속 지하실에는 가족과 함께하고픈 소망이 자리하고 있었고, 아이는 그것을 놀이를 통해 표현한 것이다.

그러나 놀이가 치료의 기능을 갖고 있다 하더라도 아이의 세계를 민감하게 이해하고 받아들이는 성인의 존재가 없다면 아이와의 의사소통은 효과적으로 이루어질 수 없다. 그러므로 놀이치료에서도 가슴과 가슴이 만나는 관계가 무엇보다 중요하다. 놀이치료에서 치료자는 아동의 거울부모가 되어야 한다.

유치원생일 때 가족 모두가 자동차 사고를 당한 적이 있는 한 초등학생은 차 타는 것을 두려워하고 혹시 사고가 나지 않을지를 늘 걱정했다. 이 아이는 자신이 지나다니는 한강 다리가 무너지지 않을지, 체육 시간에 다치지는 않을지 걱정하는 등 다른 곳에서도 불안을 나타내기 시작해 놀이치료의 문을 두드리게 되었다. 놀이치료 시간에 이 아이는 차가 사고를 당하고, 폭설이 오거나 큰불이

나서 위험에 처하는 등 위험과 불안을 나타내는 놀이를 수없이 반복했다. 어떤 날은 모래상자, 또 어떤 날은 레고를 가지고 놀았지만 내용은 언제나 같았다.

어느 날부터 아이는 건물을 짓기 시작했다. 사람들이 건물에서 떨어지기도 하고 지나가던 차가 건물을 무너뜨리기도 했다. 꽤 여러 번에 걸쳐 이 놀이를 하던 아이는 드디어 아주 높고 튼튼한 건물을 완성했다. 사고 경험으로 인해 마음속에 자리 잡았던 불안감을 딛고, 자신의 심리 세계 안에 새로운 건물을 지을 자신감을 얻게 된 것이다. 아이는 목소리가 커지고 모든 일에 당당하게 행동하게 되었다. 어떻게 이러한 변화가 나타난 것일까?

이 아이의 놀이는 불안한 마음을 지속적으로 비춰주고, 꾸짖거나 질문하지 않으며, 강제로 주도하지 않는 놀이치료사의 거울 되어주기mirroring 역할과 함께 이루어졌다. 거울치료자 앞에서 비로소 아이는 자신의 문제를 스스로 해결할 수 있는 힘을 가질 수 있었던 것이다.

모래놀이치료

한 남자 유치원생은 사랑하는 여동생이 자신의 눈앞에서 차에 치이는 장면을 목격했다. 온 가족이 함께 외출하기로 했는데, 두 아이가 먼저 집 앞에 나와 놀고 있다가 동생이 그만 사고를 당한 것이다.

심한 충격을 받았을 아들이 걱정된 어머니는 딸아이의 장례식이 채 끝나기도 전에 아동상담실에 상담을 요청했다. 그러나 걱정과 달리 아이는 유치원에도 잘 다니고 동생이 하늘나라에 갔다며 자연스럽게 이야기하고 다녔다. 어머니는 아이의 모습에 안심하면서도 한편으로 불안한 마음에 다시 전화로 상담 여부를 물어왔고, 치료적인 개입이 필요하다는 상담사의 말을 듣고 상담센터를 방문하게 되었다.

아이는 수줍어하는 듯했지만 밝은 인상이었다. 처음에 아이는 자신의 가족이 엄마와 아빠, 자신, 이렇게 세 명이라고 말했다. 그러나 모래놀이를 하면서 공룡 인형을 가져와 자신의 동생이라고 말하며 공룡이 놀 수 있는 놀이터를 만들어준다고 했다. 동생이 죽었으며 천국에 있는 놀이터라고 설명했는데, 동생의 죽음에 대해 애도의 과정을 경험하는 것 같았다.

아이는 모래상자에 탱크를 등장시켜 다른 전쟁이 일어난 것을 표현하면서 자신의 부모님이 동생을 지켜주지 못한 데 대한 원망을 쏟아놓았고, 집에서도 이러한 공격성을 표출했다. 또한 처음에는 '동생이 다시 왔으면 좋겠다'고 했다가, 시간이 조금 지나서는 '내가 놀 때 아무도 방해하지 않고 엄마 아빠가 나만 사랑해주니까 동생이 없었으면 좋겠다'고 말하는 등 동생의 부재에 대한 심리적 불안을 갈등으로 표현했다.

이후 아이는 자신이 옆에 있었음에도 힘이 없어서 동생에게 아무런 도움을 줄 수 없었다며 무력한 자신에게 화를 냈고, 둘 다 죽으면 엄마 아빠가 더 슬플 것 같아서 뛰어가지 못했다고 말했다. 상담사는 "선생님이 보니 너는 동생이 너 때문에 죽었다는 생각이 들어서 자신에게 화가 나는 모양이구나. 빨리 뛰어가서 동생을 구하고 싶었지만 너도 많이 겁이 났을 거야. 근데 동생을 구하기엔 네가 아직 어리단다" 하고 감정을 비추는 미러링 반응을 해주었다. 아이는 자신의 무력감, 죄책감, 분노를 모래 위에서 표현한 뒤 말로 표현해내는 어려운 작업을 하고 있었다.

하루는 아이가 자신의 생일이라며 젖은 모래로 케이크를 만들고 손님들을 초대했다. 여러 인형과 동물을 초대했는데 케이크 위에 꽂은 초를 끄지 않았다. 이유를 물으니 외국에서 손님이 오기로 했는데 아직 오지 않았기 때문이라는 것이었다. 이후 외국에서 오는 손님은 올 수 없는 손님이며 동생 또한 이제는 돌아올 수 없는 곳으로 갔다는 것을 설명하고, 동생의 죽음을 받아들이는 놀이로 진행했다.

아이는 한결 밝아진 모습으로 상담을 종결했고, 그즈음에 엄마가 다시 동생을 임신하게 되어 새로운 동생을 얻게 되었다.

모래놀이는 1929년 영국의 소아과 의사인 마거릿 로웬펠트 Margaret Lowenfeld가 처음 시작했다. 로웬펠트는 인간관계의 결손이 주된 호소 문제인 아동이 언어를 대신해 조그만 물체를 가지고 할 수 있는 놀이를 생각했다.

앞의 사례에서 부모는 사고 후 아무 일 없었던 것처럼 잘 지내는 아이를 보면서 아이가 동생의 죽음을 잘 이겨나가고 있다고 생각했다. 부모들이 "역시 애들은 애들이구나"라고 안심하거나 그들의 속마음을 간과하기 쉬운 대목이다. 그러나 아이는 모래놀이를 통해 자신의 숨겨진 생각과 감정을 표현했다. 아이들은 어떤 감정이든 일단 밖으로 나타나면 전체를 차지하게 되어, 자신의 숨겨진 내면의 감정과 상관없이 자신에게 주어진 일을 하게 된다. 그래서 더욱이 아이에게는 생각과 감정을 세밀하게 표현할 힘을 주고, 경험의 여러 층에서 일어나는 생각을 표현할 수 있으며 움직임의 표현이 가능한 장치가 필요하다.

로웬펠트는 아이가 현실적이든 공상적이든 자신의 세계를 꾸미는 데 사용할 수 있는 수많은 모형을 모았다. 그리고 아이를 위해 허리 높이의 탁자 위에 방수가 되는 모래상자를 만든 뒤 그 안에서 많은 모형을 가지고 놀게 했는데, 이것이 모래놀이의 시초다.

인간에게는 본능적으로 자신을 있는 그대로 비춰주는 곳에서 스스로 안정된 자리를 잡으려 하는 심리가 있다. 이 자유로운 소통의 공간은 아동상담사가 아이를 완전히 수용할 수 있는 치료적 상황에서만 가능하다. 이 책에서 여러 차례 강조한 대로, 누구나 불안하고 두려운 마음속 지하실에 함께 머무를 동반자를 필요로 하기 때문이다. 불행한 때든 행복한 때든, 아이는 자신이 혼자가 아니라고 느껴야 안전하고 자유롭게 자신을 표현할 수 있다. 이것이 모래놀이에서도 가장 중요한 부분이다.

부모-자녀 놀이치료

1960년대에 버나드 거니Bernard Guerney가 고안한 부모-자녀 놀이
치료Filial Therapy는 문제를 가진 아동을 위해 처음 6~18개월 동안 부
모가 가정에서 실시하는 놀이치료를 말한다. 정신건강 전문가들이
배우는 것과 유사한 이 기술을 이용해 부모와 아이 관계는 보다 증
진될 수 있고, 나아가 부모는 아이의 삶에서 치료적인 중재자가 됨
으로써 가장 큰 효과를 얻을 수 있다. 부모와의 상담 시간에 중점
을 두면서도 부모가 새로운 행동과 의식을 습득해 나머지 시간 동
안 지속하게 하고, 이것이 부모와 아이 사이에서 삶의 한 방법이
되도록 하는 것이 이 프로그램의 목적이다.

아이의 문제는 70퍼센트 이상이 부모와의 관계에서 발생한다.
아동발달에 대한 부모의 이해 부족, 부모 역할의 미숙함, 부모 자
신의 심리적 문제 등이 부모와 아이 관계에서 발생하는 문제의 원
인으로 인식되고 있다. 따라서 부모가 아동상담사로서의 역할을
익히면 아이의 문제행동을 예방할 수 있을 뿐만 아니라 그것을 감
소시키는 데도 도움이 될 수 있다. 이러한 목적에서 개발된 프로그
램이 부모-자녀 놀이치료인 것이다.

이 프로그램에 참가한 부모들은 첫 만남에서 전체 가족에 대한
이야기를 나누게 되는데, 특히 양육에 어려움을 겪고 있는 부분에

집중적으로 초점을 맞춘다. 또 놀이치료나 부모-자녀 놀이치료의 기본 개념을 이해하고, 아이의 언어적 표현뿐만 아니라 비언어적인 표현을 보고 아이의 감정을 알아낸 뒤 그것을 짧게 반영하는 미러링 방법을 배우게 된다. 이때 부모는 말뿐 아니라 자신의 목소리 톤이나 표정까지도 아이에게 전달된다는 것을 깨닫는다.

두 번째 만남에서는 가정에서 일주일에 한 번 가지는 특별한 놀이 시간을 준비하게 되는데, 함께함의 태도와 놀이 회기를 가질 때 구조화하고 참여하고 제한하는 기본적인 원칙들을 배우게 된다. 과연 부모들은 아이와 얼마의 시간을 함께하고 있을까? 단순히 옆에 있다고 함께하는 것은 아니다. 우리 대부분은 아이와 있다가도 전화가 오면 아이가 하던 말을 멈추게 하고 아무런 미안함 없이 전화를 받는다. 때로 아이들은 아동상담사들에게 자신의 엄마가 전화 받을 때의 목소리는 자신들과 평상시 이야기를 나눌 때의 그것과 180도 다르다고 고발하기도 한다.

'함께함'이란 그저 내가 물리적으로 여기 있다는 사실이 아니라 내가 상대의 말을 듣고 있고, 상대를 이해하고 있으며, 상대의 감정과 생각, 욕구에 집중하는 과정을 말하는 것이다. 두 번째 모임에서 부모들은 아이들과의 특별놀이 시간에 필요한 놀잇감 목록을 알게 되고 놀이시간과 장소를 물색하는 준비를 시작한다.

세 번째 만남에서는 특별놀이 시간에 해야 할 것과 하지 말아야 할 것을 배우고 구체적인 실행방법을 안내받으며, 아이와 행한 특별놀이를 비디오로 찍어 와서 발표하는 과제도 주어진다.

네 번째 만남에서는 제한을 확고하게 설정하는 방법을 배운다. 예를 들어 인형을 가지고 놀던 아이가 인형이 나쁜 녀석이라며 장난감 총으로 쏘고, 부모를 보더니 총을 겨누며 "당신도 나쁜 사람이에요"라고 말했다면, 부모는 다음과 같은 세 가지 방식으로 아이에게 접근하는 방법을 배우게 된다.

첫 번째는 아이의 감정과 욕구를 알아차리는 것으로, "애야, 네가 아빠한테도 쏘고 싶어 한다는 걸 알아" 하고 아이의 마음을 그대로 비춰준다. 그러면 아이는 자신의 욕구와 감정이 부모에게 받아들여진다는 것에 안전감을 느끼게 된다. 이러한 공감적 거울 되어주기는 긴장되어 있는 아이의 감정이나 욕구를 진정시켜준다. 두 번째 방법은 제한을 설정하는 것으로, "아빠는 네가 총을 쏘기 위해 있는 사람이 아니란다"라고 확고하게 말하는 것이다. 세 번째 방법은 "하지만, 너는 저 인형이 아빠라고 생각하고 인형을 향해서는 얼마든지 쏠 수 있어"라고 말함으로써 대안을 제시해주는 것이다. 이때 제시되는 대안은 아동의 연령과 상황에 따라 한 가지 또는 그 이상이 될 수 있다.

다섯 번째 만남에서는 아이의 놀이에서 관찰된 특별한 점, 놀이에서 표현된 정서, 놀이의 주제, 부모 자신에 대해 배우게 된 점, 놀이를 하는 동안 느낀 점 등에 대한 이야기를 나눈다. 대부분의 부모는 아이에게 일방적인 교훈이나 설명을 늘어놓기 마련인데, 설명이 길수록 말의 의도를 잃게 된다는 사실을 이 단계에서 배우게 된다.

여섯 번째 만남에서는 제한 설정이 효과가 없을 때, 가정에서의 특별놀이 시간에 공통적으로 부딪치는 문제에 관해 배우고 토론하는 시간을 가진다.

일곱 번째 만남에서는 치료자로서의 부모의 민감함에 대해 배운다. 대부분의 부모는 자신의 문제를 넘어서서 아이를 대하는 데 어려움을 겪고 아이와의 관계를 힘들어하는데, 부모의 문제가 너무 심각한 경우에는 아이와 특별놀이 시간을 가지는 것을 제한하기도 한다.

부모-자녀 놀이치료는 8회에서 10회까지 지속할 수 있는데, 여덟 번째 혹은 열 번째 만남에서 부모들은 앞으로 아이와 얼마 동안 특별놀이 시간을 지속할지 서약하고, 앞으로 꼭 기억할 사항들을 다시 확인하는 시간도 가진다. 이후로도 부모들은 정기적인 모임을 가지면서 서로의 놀이치료에 관해 이야기를 나누고 피드백을 해준다.

부모들은 특별놀이 시간을 통해 아이의 문제가 부모 역할에 대한 이해와 연습이 부족해서 나타나는 것임을 알게 된다. 참가한 부모 중 한 아빠는 툭하면 아이들과 자신에게 고래고래 소리를 높이는 아내 때문에 몹시 힘들었다고 했다. 싸우기도 하고 대화도 나눠봤지만 문제를 해결할 가능성이 보이지 않았는데, 공감 미러링 반응에 대해 배운 뒤 조금씩 실천하다 보니 요즘은 아내의 목소리가 낮아져서 살 만하다고 이야기해왔다. 아이들도 엄마가 목소리를 낮추었을 뿐인데 행복해하고, 부모와 아이 관계도 원만해졌다고 했다. 앞서 이야기한 '가정 내의 소리 지르는 요술거울'이 아이에게 미치는 부정적 영향을 새삼 깨닫게 하는 사례다.

부모가 올바른 부모 역할에 대해 공부하고 그것을 가정에서 실행할 수 있다면, 아이의 문제행동을 예방할 수 있을 뿐 아니라 아이의 정신적 발달도 촉진할 수 있다. 그런 면에서 부모-자녀 놀이치료는 아동의 문제행동을 감소시키는 데 큰 효과가 있다고 평가됨은 물론, 거울부모 되기에 대한 보다 전문적인 훈련 방식이라고 볼 수 있다.

[사례 제공 : 류경숙 강남GEM아동가족상담센터 원장]

KI신서 9832

아이 마음이 이런 줄 알았더라면

1판 1쇄 발행 2013년 4월 26일
1판 3쇄 발행 2015년 6월 15일
2판 1쇄 발행 2021년 7월 29일
2판 2쇄 발행 2023년 12월 1일

지은이 권수영
펴낸이 김영곤
펴낸곳 ㈜북이십일 21세기북스

콘텐츠개발본부이사 정지은
인생명강팀장 윤서진 **인생명강팀** 최은아 강혜지 황보주향 심세미
디자인 어나더페이퍼
출판마케팅영업본부장 한충희
마케팅2팀 나은경 정유진 박보미 백다희 이민재
출판영업팀 최명열 김다운 김도연
제작팀 이영민 권경민

출판등록 2000년 5월 6일 제406-2003-061호
주소 (10881) 경기도 파주시 회동길 201(문발동)
대표전화 031-955-2100 **팩스** 031-955-2151 **이메일** book21@book21.co.kr

㈜북이십일 경계를 허무는 콘텐츠 리더

21세기북스 채널에서 도서 정보와 다양한 영상자료, 이벤트를 만나세요!
페이스북 facebook.com/jiinpill21 포스트 post.naver.com/21c_editors
인스타그램 instagram.com/jiinpill21 홈페이지 www.book21.com
유튜브 youtube.com/book21pub

서울대 가지 않아도 들을 수 있는 명강의! 〈서가명강〉
'서가명강'에서는 〈서가명강〉과 〈인생명강〉을 함께 만날 수 있습니다.
유튜브, 네이버, 팟캐스트에서 '서가명강'을 검색해보세요!

ⓒ 권수영, 2021

ISBN 978-89-509-9675-8 03590